高等职业院校通识教育"十三五"规划教材

计算机应用基础综合教程

刘珍 付金谋 主编

（Windows 7+Office 2010版）

人民邮电出版社

北京

图书在版编目（CIP）数据

计算机应用基础综合教程 / 刘珍，付金谋主编. --
北京 ：人民邮电出版社，2016.9
高等职业院校通识教育"十三五"规划教材
ISBN 978-7-115-43240-7

Ⅰ．①计… Ⅱ．①刘… ②付… Ⅲ．①电子计算机—
高等职业教育—教材 Ⅳ．①TP3

中国版本图书馆CIP数据核字(2016)第205689号

内 容 提 要

本书是为适应和满足高职高专教育发展的需要，根据教育部制定的《全国高职高专计算机基础课程教学基本要求》，遵循高职高专教育人才培养目标及要求，结合高职高专院校计算机基础课程改革的最新动向和当前计算机技术发展的最新成果编写而成的。

本书分为 6 个专题，基于"做中学"教育思想，采用项目导向、任务驱动的编写方式，将计算机基础知识、Windows 7 应用、Word 2010 应用、Excel 2010 应用、PowerPoint 2010 应用、Internet 应用等知识、技能融入 6 个专题中。

本书既适合作为高职高专院校"计算机应用基础"课程的教材，也可作为各类计算机应用基础的培训教材，以及供计算机初学者自学参考。

◆ 主　编　刘　珍　付金谋
　　责任编辑　王亚娜
　　责任印制　焦志炜
◆ 人民邮电出版社出版发行　北京市丰台区成寿寺路 11 号
　　邮编　100164　电子邮件　315@ptpress.com.cn
　　网址　http://www.ptpress.com.cn
　　固安县铭成印刷有限公司印刷
◆ 开本：787×1092　1/16
　　印张：10.75　　　　　　　2016 年 9 月第 1 版
　　字数：289 千字　　　　　　2016 年 9 月河北第 1 次印刷

定价：26.80 元
读者服务热线：(010)81055256　印装质量热线：(010)81055316
反盗版热线：(010)81055315

本书编委会

主　编　刘　珍　付金谋

副主编　黄爱梅　汪　婧　喻　媛

前言

随着信息技术的发展以及计算机的广泛应用，社会对大学生计算机应用能力的要求越来越高，计算机应用能力已成为信息社会人才必备的基本素质，是当代大学生掌握新技术、学习新知识必不可少的环节。"计算机应用基础"是一门高等职业院校必修的公共基础课程，该课程主要培养、锻炼并提高学生的实际动手能力，对学生专业课程的学习起到基础作用，学生在学习计算机知识与技能的过程中，从想到用，把它们运用到自己的学习、工作和生活中，帮助自己思考、运筹、论证、决策，提高分析问题和解决问题的能力，以适应将来踏入社会发展，满足工作和生活的需要。

本书为适应和满足高职高专教育发展的需要，根据教育部制定的《全国高职高专计算机基础课程教学基本要求》，遵循高职高专教育人才培养目标及要求，结合高职高专院校计算机基础课程改革的最新动向和当前计算机技术发展的最新成果编写而成。

本书分为 6 个专题，基于"做中学"的教育思想，采用项目导向、任务驱动的编写方式，将计算机基础知识、Windows 7 应用、Word 2010 应用、Excel 2010 应用、PowerPoint 2010 应用、Internet 应用等知识、技能融入 6 个专题中。每个专题均包含具体任务、综合练习和实用技巧，每个任务采用"任务描述—任务分析—知识技能—任务实施"的框架组织。通过每个任务的详细讲解、任务实施的过程，学生可体会各软件的各项功能用法，并独立做出实例展现效果，培养学生独立学习、完成任务的能力，并提高学生的自信心和动手能力；通过综合练习，让学生进行自我测试，在进一步巩固所学知识的基础上，培养学生的创新能力；通过实用技巧，进一步拓展学生的基本操作能力，开阔学生视野，激发学生的学习兴趣。

本书面向计算机知识零起点的读者，内容丰富，广度和深度适当，技术新且实用，图文并茂，通俗易懂，讲解清楚，注重知识的基础性、系统性和全局性，兼顾前瞻性与引导性；语言精练，应用案例丰富，讲解内容深入浅出，体系完整，内容充实，注重实用性和实践性。

本书既适合作为高职高专院校的"计算机应用基础"课程教学的教材，也可作为各类计算机应用基础的培训教材使用，以及计算机初学者的自学用书。

本书由刘珍、付金谋同志担任主编，由黄爱梅、汪婧、喻媛同志担任副主编。在编写过程中，编者参考和借鉴了大量计算机应用基础教育方面的文献资料、网络资源和相关的研究成果，在此深表谢意！

由于编者水平有限，加之编写时间仓促，书中不足乃至错漏之处难免，恳请广大专家、同行和读者批评指正。

编　者
2016 年 7 月

目录

计算机基础知识

任务一　选购适用的计算机

【任务要求】选购一部笔记本电脑。

【任务分析】为了选购自己中意的机型，应确定自己的经济预算，考虑自身的实际需求，了解计算机系统组成、计算机主要性能指标等情况，比较市场上在售品牌笔记本电脑的主流配置。

【知识技能】

一、计算机系统

计算机系统由硬件系统与软件系统两大部分组成，如图 1-1 所示。

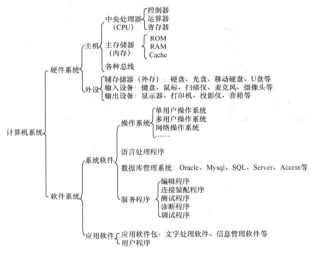

图 1-1　计算机系统的组成

（1）硬件是指实际的物理设备，如图 1-2 所示，包括计算机的主机和外部设备，由运算器、控制器、存储器、输入设备和输出设备 5 大基本部件组成（见图 1-3）。

图 1-2　组装好的计算机

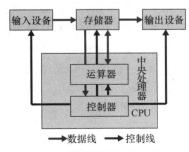

图 1-3　计算机硬件基本组成

（2）软件是指实现算法的程序和相关文档，包括计算机运行所需的系统软件和用户完成特定任务所需的应用软件。

计算机硬件和软件相辅相成，缺一不可。硬件是计算机系统工作的物理实体，是基础；软件控制硬件的运行，发挥硬件的功能。有了这两者，计算机才能正常地开机与运行。没有软件的计算机被称为"裸机"。

二、计算机硬件系统

计算机硬件系统分为主机和外部设备两部分。

1. 计算机主机

主机是计算机硬件系统的核心。在主机的内部包含 CPU、内存、主板、显卡、电源、硬盘、光驱等部件，它们共同决定了计算机的性能。

在主机箱的前后面板上通常会配置一些设备接口、按键和指示灯等，如图 1-4 所示。

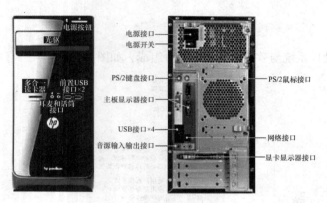

图 1-4　主机箱前后面板

（1）中央处理器

①中央处理器（Central Processing Unit，CPU）（见图 1-5）是计算机的核心控制部分，由控制器、运算器和寄存器组成，其主要任务是取出指令、解释指令并执行指令。

当系统运行时，由控制器发出各种控制信号，指挥系统的各个部分有条不紊地协调工作。

图 1-5　常见的 CPU

运算器又称为算术逻辑部件（Arithmetic Logic Unit，ALU），在计算机中执行加、减、乘、除算术运算，以及与、非、或、移位等逻辑运算。

寄存器是处理器内部的暂存单元，用来存放正在进行解释的指令或正在运算的数据。

②衡量处理器性能的主要指标如下。

* 核心数：目前 CPU 基本上都提供多个核心，即在一个 CPU 内包含两个或多个运算核心，每个核心既可独立工作，也可协同工作，使 CPU 性能在理论上比单核强劲一倍或数倍。

* 主频：即时钟频率。主频通常代表 CPU 的运算速度，在核心数相同的情况下，主频越高，CPU 性能越好。

* 总线：是内存和 CPU 之间传输数据的通道，前端总线越高，CPU 和内存之间传送数据的速度越快，计算机性能越好。

● 高速缓存：高速缓存指可以进行高速数据交接的存储器，先于内存与 CPU 交换数据用来暂时存储 CPU 要读取的数据，解决 CPU 运算速度与内存读写速度不匹配的矛盾，因此，其对 CPU 性能的影响非常大。目前，CPU 的高速缓存主要有一级缓存（L1 Cache）和二级缓存（L2 Cache）。

● 字长：CPU 在单位时间内（同一时间）能一次处理的二进制数的位数。字长越长，计算机的运算速度就越快，运算精度就越高，计算机的功能就越强。

（2）存储器

存储器是计算机中"记忆"、存储程序和数据的部件，分为内存储器（主存储器）（见图 1-6）和外存储器（辅助存储器）。

① 内存储器（简称主存）用来存放正在运行的程序和数据，是 CPU 直接读取信息的地方。计算机在执行程序时，首先要把程序与数据调入内存，才能由 CPU 处理。内存储器存取数据的速度快，但存储容量

图 1-6　常见的内存

小。包括随机存储器（Ramdom Access Memory，RAM）、只读存储器（Read Only Memory，ROM）和高速缓冲存储器（Cache）。

● RAM 是随机存储器，可读可写，当机器电源关闭时，存于其中的数据就会丢失，一般用来存放用户的程序和数据。

● ROM 是只读存储器，只能读出，不能写入。信息一旦写入其内，数据就不会因机器掉电而丢失，从而可以永久保存。一般用来存放系统程序和数据。

因为 CPU 读写 RAM 的时间需要等待，为了减少等待时间，在 RAM 和 CPU 间需要设置高速缓存 Cache，断电后其内容丢失。

② 外部存储器是存放程序和数据的"仓库"，可以长时间地保存大量信息。与内存相比，外存的存储容量要大得多，但外存的访问速度远比内存要慢。

③ 衡量内存性能的主要指标如下。

● 存储容量。容量是评判内存性能的基本指标之一。其容量越大，内存可一次性加载的数据也越多，从而有效减少 CPU 从外存调取数据的次数，提高 CPU 的工作效率和计算机整体性能。计算机内外存储器的容量是用字节（Byte，简写为 B）来计算和表示的，除 B 外，还常用 KB、MB、GB、TB 作为存储容量的单位。其换算关系为：1KB（千字节）= 1024B，1MB（兆字节）= 1024KB，1GB（吉字节）= 1024MB，1TB（太字节）= 1024GB。存储容量的最小单位为位（bit），1B = 8bit。

● 内存主频：内存主频代表了内存所能达到的最大工作频率。一般来说，内存主频越大，内存所能达到的速度就越快。

（3）主板

计算机主机所有的内部部件都是由专门的数据线直接连接，或通过显卡、声卡、网卡等设备间接连接在主板上面的。主板（Mainboard 或 Motherboard，MB）上最显眼的是一排排的插槽，呈黑色和白色，长短不一。声卡、显卡、内存条等设备就是插在这些插槽里与主板联系起来的，它们也可以直接集成在主板上。常见的计算机主板如图 1-7 所示。

（4）总线

为了实现 CPU、存储器和外部设备的连接，计算机系统采用总线结构，用于在多个数字部件间传送信号。总线由控制总线、地址总线和数据总线组成，主要性能指标是总线宽度和传送速率。

①控制总线：用来传送控制器的各种控制信号，是双向总线。

②地址总线：用来传送存储单元或输入输出接口的地址信息。

③数据总线：用于在 CPU 与内存或输入输出接口间传送数据，是双向总线。

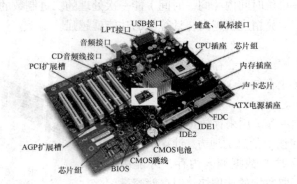

图 1-7　常见的主板

2．计算机外部设备

（1）外存储器

外存储器分为固定存储设备和移动存储设备，包括硬盘（见图 1-8）、光盘、U 盘、移动硬盘等。

①硬盘是计算机最主要的外存设备，固定在主机机箱内。它的存储量大，读写速度相对较快。通常所说的硬盘实际上是硬盘和硬盘驱动器的结合体。

图 1-8　硬盘

衡量硬盘性能的主要指标如下。

● 存储容量。

● 转速：硬盘转速是硬盘电机主轴的旋转速度，即硬盘磁片在单位时间内所能完成的最大转速。硬盘转速越大，读取数据的速度就越快，传输效率就越高，整体性能就越好。

②光盘是外存中对硬盘的补充，用来存储需备份或移动的数据。常见的光盘分为 CD 和 DVD 两种类型，或者分为只读光盘和刻录光盘。光盘内数据的读写需通过光盘驱动器（简称光驱）进行，大多数计算机都配备有光驱。

③U 盘也称闪盘，接口是 USB，使用时不必外接电源，且可在计算机开机状态下进行热插拔和快速读写数据，方便在不同的计算机间进行数据传输，可移动存储。

④移动硬盘具有存储容量大的优点，并且具有可热插拔的 USB 等数据连接接口，可移动存储。

（2）输入设备

输入设备接收用户输入的数据（含多媒体数据）、程序或命令，然后将它们经设备接口传送到计算机的存储器中。常见的输入设备有键盘、鼠标、扫描仪，以及声音、图像识别设备等。

（3）输出设备

输出设备将程序运行结果或存储器中的信息传送到计算机外部，提供给用户。常见的输出设备有显示器、打印机、音频输出设备和绘图仪等。

三、计算机软件系统

计算机软件指在硬件设备上运行的各种程序、数据以及有关的资料，包括系统软件和应用软件两大部分（见图 1-9）。操作系统就是典型的系统软件，应用软件必须在操作系统之上才能运行。

1. 系统软件

系统软件是指管理、监控和维护计算机资源（包括硬件和软件）的软件。常见的系统软件有操作系统、语言处理程序以及各种工具软件和数据库管理系统等。

（1）操作系统

操作系统是现代计算机必须配备的系统软件。它是计算机正常运行的指挥中心，是用户和计算机之间的接口，是最基本的系统软件，是所有系统软件的核心，也是其他系统软件和应用软件能够在计算机上运行的基础。它能控制和有效管理计算机系统的所有软硬件资源，能合理组织整个计算机的工作流程，为用户提供高效、方便、灵活的使用环境。

操作系统有 6 个组成部分：进程管理、存储管理、设备管理、文件管理、程序接口和用户界面；包括五大管理功能：处理机管理、存储管理、设备管理、文件管理、作业管理。

操作系统除了 Microsoft 公司出品的 Windows 以外，常见的还有 DOS、Linux、Unix、Mac OS、OS/2 等操作系统。本书所涉及的、重点讲解的操作系统软件为 Microsoft Windows 7，如图 1-10 所示。

图 1-9　计算机软件

图 1-10　Windows 7 启动画面

①按用户数目分，操作系统可分为单用户操作系统和多用户操作系统。

②按使用环境分，操作系统可分为批处理操作系统、分时操作系统和实时操作系统。

③按硬件结构分，操作系统可分为网络操作系统、分布式操作系统和多媒体操作系统。

（2）语言处理程序

①程序设计语言

程序设计语言就是用户用来编写程序的语言，它是人与计算机之间交换信息的工具。一般可分为机器语言、汇编语言和高级语言 3 类。

● 机器语言。机器语言是一种用二进制代码"0"和"1"形式表示的、能被计算机直接识别和执行的语言。因此，机器语言的执行速度快，但它的二进制代码会随 CPU 型号的不同而不同，且不便于人们的记忆、阅读和书写，所以通常不用机器语言来编写程序。

● 汇编语言。汇编语言是一种使用助记符表示的面向机器的程序设计语言。每条汇编语言的指令对应一条机器语言的代码，不同型号的计算机系统一般有不同的汇编语言。

由于计算机硬件只能识别机器指令，用助记符表示的汇编指令是不能执行的。所以要执行汇编语言编写的程序，必须先用一个程序将汇编语言翻译成机器语言程序，用于翻译的程序称为汇编程序。用汇编语言编写的程序称为源程序，翻译后得到的机器语言程序称为目标程序。

● 高级语言。机器语言和汇编语言都是面向机器的语言，一般称为低级语言。由于它们对机器的依赖性大，程序的通用性差，要求程序员必须了解计算机硬件的细节，因此它们只适合计算机专业人员。

为了解决上述问题，满足广大非专业人员的编程需求，高级语言应运而生。高级语言是一种比较接近自然语言（英语）和数学表达式的计算机程序设计语言，其与具体的计算机硬件无关，易于人们接受和掌握。常用的高级语言有 C 语言、Visual C++、Visual Basic、Java 等。

但是，任何高级语言编写的程序都要翻译成机器语言程序后才能被计算机执行。与低级语言相比，用高级语言编写的程序的执行时间和效率要差一些。

②语言处理程序

把程序设计语言翻译成计算机能够识别并正常运行的软件就是语言处理程序。

用高级语言编写的程序称为高级语言源程序，高级语言源程序必须先翻译成机器语言目标程序后计算机才能识别和执行。高级语言翻译的执行方式有编译方式和解释方式两种。

● 编译方式是用相应语言的编译程序将源程序翻译成目标程序，再用连接程序将目标程序与函数库连接，最终成为能够在计算机上运行的可执行程序。

● 解释方式是通过相应的解释程序将源程序逐句翻译成机器指令，并且是每翻译一句就执行一句。解释程序不产生目标程序，执行过程中如果不出现错误，就一直进行到完毕，否则将在错误处停止执行。

（3）工具软件

工具软件有时又称为服务软件，它是开发和研制各种软件的工具。常见的工具软件有诊断程序、调试程序、连接装配程序和编辑程序等。

（4）数据库管理系统

数据处理是计算机应用的重要方面，为了有效地利用、保存和管理大量数据，在 20 世纪 60 年代末人们开发出了数据库系统（Data Base System，DBS）。

一个完整的数据库系统是由数据库（DB）、数据库管理系统（Data Base Management System，DBMS）和用户应用程序 3 部分组成。其中数据库管理系统按照其管理数据库的组织方式分为 3 大类：关系型数据库、网络型数据库和层次型数据库。

目前，常用的数据库管理系统有 Access、SQL Server、MySQL、Oracle 等。

2．应用软件

应用软件是指除了系统软件之外的所有软件，它是用户利用计算机及其提供的系统软件为解决各种实际问题而编制的计算机程序，如办公软件 Office、图像处理软件 Photoshop、工程绘图软件 AutoCAD、杀毒软件 360、下载管理软件迅雷、压缩/解压缩软件 WinRAR、网络聊天软件 QQ 等。

【任务实施】

步骤 1：确定经济预算，明确计算机用途。笔记本电脑就目前的配备而言，因其种类、功能不同，价格有所不同。一般用途包括文书管理、资料处理、网际网络、公司简报、绘图排版、动画制作、音乐编辑、多媒体应用、玩游戏等。因此在选购笔记本时，应该尽量针对自己的具体需求，发挥产品的最大功效，不要过于追求性能强劲的机型。如果平时只是用来看电影、浏览网页，则主流价位的笔记本电脑完全能够满足需要。如果平时用来处理视频、音频、图片并且比较频繁，则要选择一款处理器强劲的笔记本电脑。

步骤 2：了解笔记本电脑的市场行情，考虑笔记本品牌（服务、路程远近、外形和口碑等），有针对性地比较品牌产品主流配置，选择合适的机型（5 种左右）。计算机功能的强弱或性能的好坏，不仅仅取决于某项指标，而是由它的系统结构、指令系统、硬件组成、软件配置等多方面因素综合决定，各项指标之间也不是彼此孤立的。在实际选购时，应该综合考虑各项指标，并且遵循"性能价格比"的原则。

（1）CPU 的选择。主要看核心数、线程数、主频、缓存。核心数和线程数越多，在运行多任务时处理速度就越快；在相同核心数下，主频越高，运算速度越快；缓存级数越多，容量越大，CPU 与内存之间的读写速度越快。好的 CPU 决定了整机运算速度和整体性能的发挥。CPU 主要有 AMD 和 Intel 两款，AMD 在三维制作、游戏应用和视频处理等方面突出，而 Intel 在商业应用、多媒体应用、平面设计等方面有优势。同档次的，Inter 综合性能更有优势，但价格比 AMD 贵。

（2）内存的选择。系统物理内存的容量对于一台机器的性能有很大的影响，特别是运行一些大型程序和多窗口任务的时候，内存的容量就显得十分重要。内存储器容量的大小反映了计算机即时存储信息的能力。内存容量越大，系统功能就越强大，能处理的数据量就越庞大。随着操作系统的升级，应用软件的不断丰富及其功能的不断扩展，人们对计算机内存容量的需求也不断提高。内存的选择有 2G、4G、8G 等，以保证 Windows 7 及以上版本操作的流畅度。用户日常使用内存选择 4 GB，玩游戏则选择 8GB。和 CPU 一样，内存也有自己的工作频率，内存主频决定着该内存最高能在什么样的频率正常工作，内存主频越高在一定程度上代表着内存所能达到的速度越快。目前主流的内存频率为 DDR3-1600MHz。内存条品牌主要有金士顿（Kingston）、威刚（ADATA）、海盗船（Corsair）、三星（SAMSUNG）等。

（3）硬盘的选择。速度、容量、安全性一直是衡量硬盘的最主要的三大因素。硬盘容量越大，存储数据就越多。转速也是一个很重要的参数，转速越大，数据传输率速度就越快。硬盘的种类有 HDD（机械硬盘）、SSHD（混合硬盘）、SSD（固态硬盘）。SSD 相对 HDD 速度快、热量低、价格高。硬盘品牌有希捷、西部数据、三星等。

（4）显卡的选择。显卡是计算机进行数模信号转换的设备，具备图像处理能力，承担输出显示图形的任务，可协助 CPU 工作，提高整体运行速度。笔记本电脑的显卡分为集成显卡和独立显卡两类，集成显卡与主板融为一体。独立显卡的性能比集成显卡好。影响独立显卡性能的主要指标是显存，显存越大，显卡性能越好。如果只是用于图文处理和日常上网浏览，选择集成显卡完全够用，不仅价格便宜，而且更加省电。若用于游戏或更高要求的图形显示，则应该选购独立显卡，以提升计算机的图形显示性能，但会增加整机购买成本。显卡品牌有 AMD、英伟达（Nvidia）、蓝宝石、影驰等。

（5）主板选择。依照支持 CPU 类型的不同，主板产品可分为 AMD 和 Intel 两个平台，不同的平台决定了主板的不同用途。AMD 平台的性价比优势明显，非常受主流用户的青睐，适合普通用户日常应用。而 Intel 平台，则具备很高的稳定性，而且平台性能相对 AMD 而言也有明显的优势，比较适合游戏玩家或图形设计者，以及运算性能要求强劲的用户。主板品牌有华硕、技嘉、微星等。

任务二　所购计算机的查验

【任务要求】购买计算机后，对照所购计算机品牌、型号的配置说明，并结合开机，对计算机检测与验收。

【任务分析】根据所购计算机单据（票据），查验计算机外包装品牌、型号及配置说明，查验无误后开机，对计算机检测与验收。

【知识技能】

一、Windows 7 启动

步骤 1：打开显示器电源，再打开主机电源 ⏻。

步骤 2：经过一段时间的启动过程，计算机进行自检，并显示相应信息。

步骤 3：系统显示用户登录界面。对于没有设置密码的用户，只需要单击相应的用户图标，即可顺利登录；对于设置了密码的用户，单击相应的用户图标时，会弹出密码框，输入正确密码后按 Enter 键确认，方可进行登录。

登录后，将进入 Windows 7 桌面。

二、Windows 7 的视窗元素

1. Windows 7 桌面

启动 Windows 7 后，屏幕显示如图 1-11 所示，Windows 的屏幕被形象地称为桌面，就像办公桌的桌面一样，启动一个应用程序就好像从抽屉中把文件取出来放在桌面上。

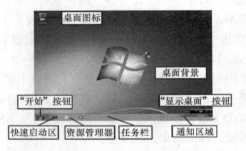

图 1-11　Windows 7 的桌面

初次启动 Windows 7 时，桌面的左上角只有一个"回收站"图标，以后根据用户的使用习惯和需要，也可以将一些常用的图标放在桌面上，以便快速启动相应的程序或打开常用文件。

（1）桌面背景。桌面背景是指 Windows 7 桌面的背景图案，又称为桌布或墙纸，可以根据自己的喜好更改桌面的背景图案。

（2）桌面图标。桌面图标是由一个形象的小图标和说明文字组成，图标作为它的标识，文字则表示它的名称或功能。在 Windows 7 中，各种程序、文件、文件夹以及应用程序的快捷方式等都用图标来形象地表示，双击这些图标就可以快速地打开文件、文件夹或者应用程序，如图 1-12 所示。

　（a）系统图标　　　　（b）应用程序快捷方式图标　　　（c）文件、文件夹图标

图 1-12　桌面图标

（3）任务栏。任务栏是桌面最下方的水平长条，主要由"开始"按钮、"程序按钮区""通知区域"和"显示桌面"按钮 4 部分组成，如图 1-13 所示。

图 1-13　任务栏

①开始按钮。单击任务栏最左侧的"开始"按钮可以弹出"开始"菜单。"开始"菜单是Windows 7 系统中最常用的组件之一。

②程序按钮区。程序按钮区主要放置的是已打开窗口的最小化图标按钮，单击这些图标按钮就可以在不同窗口间进行切换。用户还可以根据需要，通过拖动操作重新排列任务栏上的程序按钮。

③通知区域。通知区域位于任务栏的右侧，除了系统时钟、音量、网络和操作中心等一组系统图标按钮之外，还包括一些正在运行的程序图标按钮。

④"显示桌面"按钮。"显示桌面"按钮位于任务栏的最右侧，作用是可以快速显示桌面，单击该按钮可以将所有打开的窗口最小化到程序按钮区中。如果希望恢复显示打开的窗口，只需再次单击"显示桌面"按钮即可。

2．菜单

Windows 操作系统的功能和操作基本体现在菜单中，只有正确使用菜单才能用好计算机。菜单有4种类型：开始菜单、标准菜单（指菜单栏中的菜单）、控制菜单和快捷菜单。

①"开始菜单"存放操作系统或设置系统的绝大多数命令，而且还可以使用安装到当前系统里面的所有程序。

②"控制菜单"提供还原、移动、调整大小、最大化、最小化、关闭窗口等功能。

③"标准菜单"是按照菜单命令的功能进行分类组织并分列在菜单栏中的项目，包括应用程序所有可以执行的命令。

④"快捷菜单"是针对不同的操作对象进行分类组织的项目，包含操作该对象的常用命令。

（1）开始菜单

开始菜单由"固定程序"列表、"常用程序"列表、"所有程序"菜单、"启动"菜单、"搜索"框和"关闭选项"按钮区组成，如图 1-14 所示。

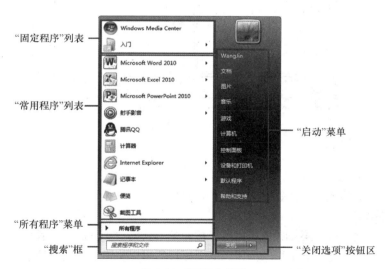

图 1-14　"开始"菜单

"开始"菜单几乎包含了计算机中所有的应用程序，是启动程序的快捷通道。

（2）一些有关菜单的约定

● 灰色的菜单项表示当前菜单命令不可用。

● 后面有" ▶ "的菜单表示该菜单后还有子菜单。

- 后面有"…"的菜单表示单击它会弹出一个对话框。
- 后面有组合键的菜单表示可以在键盘上按组合键来完成相应的操作。
- 菜单之间的分组线表示这些命令属于不同类型的菜单组。
- 前面有"√"的菜单表示该选项已被选中，又称多选项，可以同时选择多项也可以不选。
- 前面有"•"的菜单表示该选项已被选中，又称单选项，只能选中且必须选中一项。

（3）菜单示例

图 1-15 所示是一些菜单的示例。

图 1-15　菜单示例

3. 窗口

当用户启动应用程序或打开文件、文件夹时，屏幕上将出现已定义的矩形工作区域，即窗口，操作应用程序大多数是通过窗口中的菜单、工具按钮、工作区或打开的对话框来进行的。因此，每个应用程序都有一个窗口，每个窗口都有很多相同的元素，但并不一定完全相同。

下面以"库"窗口为例介绍窗口的组成，如图 1-16 所示。

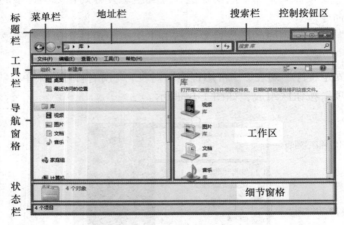

图 1-16　窗口界面

（1）标题栏

在 Windows 7 系统的窗口中，只呈现控制按钮区。控制按钮区有 3 个控制按钮，分别为"最小化"按钮 、"最大化"按钮 （当窗口最大化时，该按钮变为"向下还原"按钮 ）和"关闭"按钮 。

①单击"最小化"按钮 ，窗口以图标按钮的形式缩放到任务栏的程序按钮区中。窗口最小化后，程序仍继续运行，单击程序按钮区的图标按钮可以将窗口恢复到原始大小。

②单击"最大化"按钮 ，窗口将放大到整个屏幕大小，可以看到窗口中更多的内容。此时"最大化"按钮 变为"向下还原"按钮 ，单击"向下还原"按钮，窗口恢复成为最大化之前的大小。

③单击"关闭"按钮 ，将关闭窗口或退出程序。

（2）地址栏

显示文件和文件夹所在的路径，通过它还可以访问因特网中的资源。将当前的位置显示为以箭头分隔的一系列链接。可以单击"后退"按钮和"前进"按钮，导航至已经访问的位置。

（3）搜索栏

将要查找的目标名称输入到"搜索"文本框中，按 Enter 键或者单击"搜索"按钮进行查找。

（4）菜单栏

菜单栏默认状态下是隐藏的，可以通过单击"组织"下拉菜单中的"布局"下的"标题栏"选项将其显示出来，如图 1-17 所示。菜单栏由多个包含命令的菜单组成，每个菜单又由多个菜单项组成。单击某个菜单按钮便会弹出相应的菜单，用户从中可以选择相应的菜单项来完成需要的操作。大多数应用程序菜单栏都包含"文件""编辑""帮助"等菜单。

（5）工具栏

工具栏由常用的命令按钮组成，单击相应的按钮可以执行相应的操作。命令按钮经常显示为没有任何文本或矩形边框的小图标（图片）。当鼠标指针停留在工具栏的某个按钮上时，按钮"点亮"并带有矩形框架，旁边显示该按钮的功能提示，如图 1-18 所示。有些工具按钮的右侧有一个下箭头按钮，则这个按钮是一个拆分按钮。单击该按钮的主要部分会执行一个命令，而单击箭头则会打开一个有更多选项的菜单。

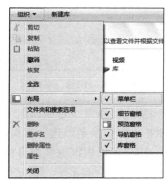

图 1-17　显示菜单栏　　　　　　图 1-18　光标停留时显示按钮的功能提示

（6）导航窗格

导航窗格位于窗口工作区的左侧，可以使用导航窗格查找文件或文件夹，还可以在导航窗格中将项目直接移动或复制到新的位置。

（7）工作区

工作区是整个窗口中最大的矩形区域，用于显示窗口中的操作对象和操作结果。

另外，双击窗口中的对象图标也可以打开相应的窗口。当窗口中显示的内容太多时，就会在窗口的右侧出现垂直滚动条，单击滚动条两端的向上/向下按钮或者拖动滚动条，都可以使窗口中的内容垂直滚动。

（8）细节窗格

细节窗格位于窗口的下方，用来显示窗口的状态信息或被选中对象的详细信息。

（9）状态栏

状态栏位于窗口的最下方，主要用于显示当前窗口的相关信息或被选中对象的状态信息。可以通过选择"查看"菜单下的"状态栏"菜单项来控制状态栏的显示和隐藏，如图 1-19 所示。

4. 对话框

在 Windows 中，当选择后面带有"…"的菜单命令时，会打开一个对话框。对话框是 Windows

和用户进行信息交流的一个界面，用于提示用户输入执行操作命令所需要的更详细的信息以及确认信息，也用来显示程序运行中的提示信息、警告信息，或者解释无法完成任务的原因。

不同的对话框，其组成元素也不相同。一个较典型的对话框是"页面设置"对话框，如图1-20所示。

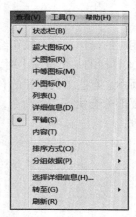

图1-19 显示状态栏

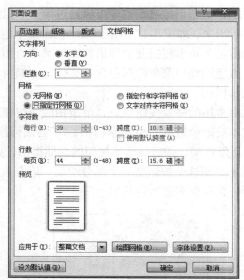

图1-20 "页面设置"对话框

（1）选项卡。有些对话框包含多组内容，实现多项功能。通常将每项功能的对话框称为一个"选项卡"，用标签标识该项功能名称。单击选项卡标签可以切换至该选项卡页面。

（2）组合框。在选项卡中通常会有不同的组合框，用户可以根据这些组合框完成一些操作。

（3）单选按钮。即经常在组合框中出现的小圆圈⊙，通常会有多个，但它们是彼此互斥的，用户只能选择其中的某一个。通过单击鼠标就可以在选中、非选中状态之间进行切换，被选中的单选按钮中间会出现一个实心的小圆点⊙。

（4）复选框。即经常在组合框中出现的小正方形☐，与单选按钮不同的是，它们是彼此兼容的，在一个组合框中用户可以同时选中多个复选框。当某个复选框被选中时，在其对应的小正方形中会显示一个勾☑。

（5）文本框。用来接收用户输入信息的方框。

（6）下拉列表框。带下拉箭头（扩展按钮）的矩形框，其中显示的是当前选项，单击右侧的下拉箭头，会弹出列表以供选择。

（7）列表框。直观列表的形式显示一组可用的选项，如果列表框中不能列出全部选项，可通过滚动条使其滚动显示。

（8）微调框。文本框与调整按钮组合在一起组成了微调框，如 0.75 厘⊹，用户既可以输入数值，也可以通过调整按钮来设置需要的数值。

（9）命令按钮。单击对话框中的命令按钮将执行一个命令。单击"确定"或"保存"按钮，则执行在对话框中设定的内容然后关闭对话框；单击"取消"按钮，则表示放弃所设定的选项并关闭对话框；单击带省略号的命令按钮表示将打开一个新的对话框。

三、退出 Windows 7

1. 正常退出 Windows 7

步骤 1：关闭所有正在运行的应用程序。

步骤 2：单击屏幕左下角的"开始"按钮，在"开始"菜单中单击"关机"按钮（见图 1-21）。如果有文件尚未保存，系统会提示保存后再进行关机操作。

图 1-21　退出 Windows 7

2. 非正常退出 Windows 7

如果在使用计算机的过程中出现"死机""蓝屏""花屏"等情况，需要按下主机电源开关不放，直至计算机主机关闭。

3. 暂时计算机锁定

如果短时间内不使用计算机，可不关机，让计算机进入睡眠或休眠状态。单击"开始"按钮，在"开始"菜单中单击"关机"选项，选择"睡眠"或"休眠"，以最小的能耗保证计算机处于锁定状态。

4. 切换用户

Windows 7 支持多用户管理，如果要从当前用户切换到另一个用户，可以单击"开始"按钮，在"关机"按钮的关闭选项列表中单击"切换用户"选项（见图 1-21），选择其他用户即可。

四、查看计算机的配置

1. 利用"属性"查看 CPU、内存、系统类型

右击桌面上的"计算机"图标，选择"属性"项，在"系统"栏中查看 CPU、内存大小、操作系统类型（见图 1-22）。

2. 利用"设备管理器"查看硬件配置

右击"计算机"图标，选择"属性"项，再选择左栏中的"设备管理器"项，在弹出的窗口中罗列出了计算机上安装的各种硬件。单击某项设备左边的展开钮，就可以查看该设备的具体信息（见图 1-23）。

图 1-22　计算机"属性"查看硬件配置

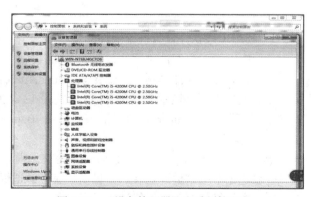

图 1-23　"设备管理器"查看硬件配置

3. 利用 Windows 7 自带命令查看系统硬件配置

单击屏幕左下角的"开始"按钮，在"搜索运行"框中输入"DxDiag"，按回车键，打开"DirectX

诊断工具"窗口（见图 1-24），通过切换选项卡查看计算机系统、显卡、声卡等信息，并且可以将查看结果保存为 TXT 文件。

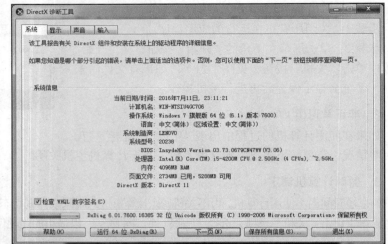

图 1-24　通过"DirectX 诊断工具"查看硬件配置

4．利用 Windows 7 自带命令检查电池

单击屏幕左下角的"开始"按钮，在"搜索运行"框中输入"cmd"，按回车键，打开命令窗口。在其中输入命令 powercfg－energy（见图 1-25），程序将自动开始对系统进行 60s 状态跟踪，并分析所获得的数据，然后给出报告（这个过程不要操作计算机）。在完成分析之后，会生成一个 HTML 网页文件报告在 c:\users\administrator 中，文件名为 energy-report.html。其中，关于电池信息的部分在报告最后。

图 1-25　查看计算机电池

5．利用工具软件查看系统硬件配置

（1）Everest：全面检测硬件、软件系统信息。

（2）鲁大师：硬件检测、温度管理、性能测试、驱动检测、清理优化。

（3）笔记本硬件检测工具免安装合集版：内含 CPU-Z 检测 CPU，MemTest 检测内存条，HDTune 检测硬盘，SuperPi 检测系统稳定性，Battery Mon 检测电池，NMT 检测显示屏。

【任务实施】

步骤 1：检查笔记本电脑外包装是否完整无损。如果条件允许，要求当场拆开包装。

一般笔记本电脑拆开包装后，里面还有电源适配器、相关配件、产品说明书、联保凭证（号码与笔记本编号相同）、保修证记录卡等。

步骤 2：核对标签上的序列号 SN，检查笔记本电脑的外观和屏幕。

（1）打开笔记本电脑外包装，检查笔记本电脑外包装箱上的序列号是否与机器机身上的序列号一致。机身上的序列号一般都在笔记本电脑机身的底座上，在查序列号的同时，还要检查其是否有被涂改、被重贴过的痕迹。检查笔记本电脑的外观是否有碰、擦、划、裂等伤痕，液晶显示屏（LCD）是否有划伤、坏点、波纹，螺丝是否有掉漆等现象。

（2）开机，进入笔记本电脑的 BIOS（如联想笔记本电脑，开机时按 F12 键），检查 BIOS 中的序列号和机身的序列号是否一致。

步骤 3：检查笔记本电脑电池。

新的笔记本电脑电池充电应该不超过 3 次，电量应该不高于 3%。而且一般试机的时候经销商都不会插入电池，而是直接接在电源插座上。电量太高或是充放电次数太多证明至少是被人用过的机器。进入笔记本电脑的电池管理软件可查看电池已充电次数。

步骤 4：检查配件和赠品。

在购买时要认真检查盒内所附送的产品配件、附赠的操作系统与驱动程序等是否与说明书的配件包说明相同；还要检查承诺的赠品是否齐全，比如有的品牌赠送背包、U 盘、鼠标、内存等。

步骤 5：检查系统和接口。

开机，测试操作系统运行是否出现异常；多媒体播放音效、影像是否正常；USB 接口、音频输出接口、麦克风接口等是否正常；上网是否正常；散热风扇工作是否正常；笔记本电脑鼠标定位是否正常；充电是否正常；风扇噪声是否可以接受等。

步骤 6：检查发票、维修凭证及书面写明售后服务承诺。

无论是何种品牌，都必须考虑在笔记本硬件方面，其维修是如何承诺的。注意问清售后服务期限、售后服务的具体内容、维修更换周期。一般来说，笔记本产品多以 1 年免费更换部件，3 年有限售后服务为主，大多数产品的维修更换周期在 15 天左右。要保留包装里的正规保修凭证。检查质量保证书中的各项条件是否合理，确认当商品出现问题时，是否可以退货或换货、维修等，同时确认保修期限、维修地点、送修需要时间等，检查保证书是否有商家的盖章。

步骤 7：查看笔记本电脑的配置。

【实用技巧】

1. 笔记本电脑连接多媒体系统屏幕

首先将投影仪数据线连接至笔记本电脑，然后打开笔记本电脑和投影仪，按组合键 Fn + FX（FX 为功能键 F1～F12 中的一个）启动。不同品牌的电脑使用不同的按键，一般是 Fn 键和功能键上面画了个笔记本电脑显示屏的按键组合进行。例如在联想笔记本电脑上按 Fn 与 F3 键进行大屏幕与笔记本电脑之间的信号切换。或者单击"开始"→"控制面板"→"连接到投影仪"，选择"复制"模式或"扩展"模式。

2. 笔记本电脑外接音箱

首先，把音响和笔记本电脑连接起来，一般外接音响会有 2 根线，一根耳机，一根麦克风，只有 2 根线都连接正确才可以，一般孔在笔记本电脑左侧。接着打开笔记本电脑，单击左下角的"开始"菜单，找到右边的"控制面板"并单击它，在弹出的页面中找到"声音"选项并单击它，在弹出的页面中选中耳机选项，单击"设为默认值"按钮，单击"确定"按钮完成。

Windows 7 应用

任务一　文件管理

【任务要求】分门别类地对计算机中的文件进行整理。

【任务分析】计算机存储了大量的文件，为方便使用文件，查看文件信息，或查找某文件的存放位置或快速到达它的存放位置，用户可通过对文件和文件夹的管理加以实现。

【知识技能】

一、文件

文件是具有名字的相关联的一组信息的集合，任何信息（如声音、文字、影像、程序等）都是以文件的形式存放在计算机的外存储器上的。Windows 7 中的任何文件都用图标和文件名（见图 2-1）来进行标识。

1. 文件的命名规则

（1）文件名由主文件名和扩展名组成，形式为"主文件名.扩展名"。

（2）主文件名允许长达 255 个字符，可用汉字、字母、数字和其他特殊符号，但不能用\、/、:、*、?、"、<、>、|（见图 2-2）。

郁金香.jpg

文件名不能包含下列任何字符:
\ / : * ? " < > |

图 2-1　文件图标和文件名　　　　　图 2-2　文件名不能包含的字符

（3）扩展名通常为 3 个英文字符，决定了文件类型，也决定了用什么程序来打开文件。

（4）保留用户指定的大小写格式，但不能利用大小写区分文件名，例如，ABC.DOC 与 abc.doc 表示同一个文件。

2. 文件类型

从打开方式看，文件可分为可执行文件和不可执行文件。文件扩展名和对应的文件类型如表 2-1 所示。

表 2-1　文件扩展名与文件类型

文件类型	文件扩展名
程序文件	.com、.exe、.bat 等
文本文件	.txt
快捷方式文件	.lnk
声音文件	.wav、.mp3、.mid 等

文件类型	文件扩展名
图形图像文件	.bmp、.jpg、.gif、.png 等
Word 文档	.docx、.doc 等
Excel 工作簿	.xlsx、.xls 等
PowerPoint 演示文稿	.pptx、.ppt 等
视频文件	.rm、.avi、.mpg、.mp4 等
压缩包文件	.rar、.zip 等
网页文件	.htm、.html、.asp、.jsp、.php 等

二、文件夹

在计算机中，文件夹是放置文件的一个逻辑空间。在 Windows 7 中，文件夹由一个黄色小夹子图标和名称组成，如图 2-3 所示。

图 2-3　文件夹

文件夹里除了可以存放文件还可以存放文件夹，存放的文件夹称为"子文件夹"，而存放子文件夹的文件夹则叫做"父文件夹"，磁盘最顶层的文件夹称为"根文件夹"。

Windows 7 中文件夹分为系统文件夹和用户文件夹。系统文件夹是安装好操作系统或应用程序后系统自己创建的文件夹，通常位于 C 磁盘中，不能随意删除和更改名称。

文件夹与文件的命名规则类似，但是文件夹没有扩展名。

三、文件夹的树状结构和文件的存储路径

1. 文件夹的树形结构

Windows 通过文件夹管理磁盘上存储的文件。Windows 采用多级层次的文件夹结构组织文件夹和文件。

对于同一个磁盘而言，它的最高级文件夹被称为"根文件夹"。根文件夹的名称是系统规定的，统一用反斜杠"\"表示。根文件夹中可以存放文件，也可以建立子文件夹。

子文件夹的名称由用户指定，子文件夹下又可以存放文件和再建立子文件夹。

这就像一棵倒置的树，根文件夹是树根，各个子文件夹是树的枝杈，而文件则是树的叶子，叶子上是不能再长出枝杈来的。这种多级层次文件夹结构被称为"树形文件夹结构"，如图 2-4 所示。

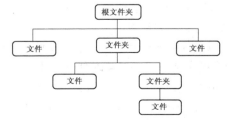

图 2-4　树形文件夹结构

2．文件的存储路径

访问一个文件时，必须要有 3 个要素，即文件所在的驱动器、文件在树形文件夹结构中的位置和文件的名字。文件在树形文件夹中的位置表示为从根文件夹出发，到达该文件所在的子文件夹依次经过一连串用反斜线隔开的文件夹名的序列，这个序列称为"路径"。

（1）磁盘驱动器名（盘符）。磁盘驱动器名是 DOS 分配给驱动器的符号，用于指明文件的位置。"A："和"B："是软盘驱动器名称，表示 A 盘和 B 盘；"C："～"Z："是硬盘驱动器和光盘驱动器名称，表示 C 盘、D 盘、……、Z 盘。

（2）路径。路径是用由一串反斜杠"\"隔开的一组文件夹名称来指明文件所在的位置。例如"C:\Windows\System32\mspaint.exe"表示 mspaint.exe 文件所在位置 C:\Windows\System32，即 C 盘根文件夹中有一个"Windows"子文件夹，"Windows"子文件夹中有一个"System32"子文件夹。在"计算机"窗口上方地址栏中显示 ▷ ▸ 计算机 ▸ 本地磁盘 (C:) ▸ Windows ▸ System32 ▸ ，既指明了文件所在的位置，也体现了各文件夹间的多级层次关系。

四、文件和文件夹的属性

在 Windows 环境下，文件和文件夹都有其自身特有的信息，包括文件的类型、在磁盘上的位置、所占空间的大小、创建和修改时间，以及文件在磁盘中存在的方式等，这些信息统称为文件的属性。

一般文件在磁盘中存在的方式有只读、存档和隐藏等属性："只读"指文件只允许读，不允许写；"存档"指普通的文件；"隐藏"指将文件隐藏起来，在一般的文件操作中不显示被隐藏的文件。

五、资源管理器

Windows 的资源管理器一直是用户使用计算机时和文件打交道的重要工具，在 Windows 7 中，资源管理器可以使用户更容易地完成浏览、查看、移动和复制文件和文件夹的操作。

1．打开"Windows 资源管理器"

打开"Windows 资源管理器"的方法很多，下面列举几种常用的方法。

（1）在桌面上双击"计算机"图标 。

（2）在"开始"菜单中单击右边的"计算机"命令。

（3）单击任务栏上的"Windows 资源管理器"按钮 。

（4）用鼠标右击"开始"按钮 ，在弹出的快捷菜单中选择"打开 Windows 资源管理器"命令。

（5）使用 Windows＋E 组合键。

2．"Windows 资源管理器"窗口

如图 2-5 所示，"Windows 资源管理器"窗口主要包括菜单栏、工具栏、地址栏、导航窗格、细节窗格、状态栏、工作区等部分。

"Windows 资源管理器"窗口左侧的导航窗格用于显示磁盘和文件夹的树形结构，包含收藏夹、库、家庭组、计算机和网络这 5 大类资源。

在导航窗格中，如果磁盘或文件夹前面有"▷"号，表明该磁盘或文件夹下有子文件夹。单击该"▷"号可以展开其中包含的子文件夹。展开磁盘或文件夹后，"▷"号会变成"◢"号，表明该磁盘或文件夹已经展开。单击"◢"号，可以折叠已经展开的内容。

右侧工作区用于显示导航窗格选中的磁盘或文件夹所包含的子文件夹及文件，双击其中的文件或文件夹可以打开相关内容。

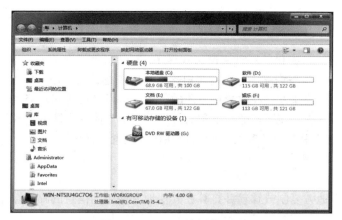

图 2-5　Windows 资源管理器

用鼠标拖动导航窗格和工作区之间的分隔条，可以调整两个窗格的大小。

在资源管理器中单击右上角的"显示预览窗格"按钮时，可以在资源管理器中浏览文件，比如文本文件、Word 文档、图片和视频等都可以在资源管理器中直接预览其内容。使用快速预览，可以快速找到需要的文件，如图 2-6 所示。

图 2-6　Windows 资源管理器的预览功能

3. 库

库用来管理文档、音乐、图片和其他文件的位置。默认情况下，库适用于管理文档、音乐、图片和视频的位置。根据实际使用，也可通过新建库的方式增加库的类型。库的管理方式更接近于快捷方式，把相关的、同类型的、不同存储位置上的文件或文件夹链接到一个库中进行管理。

库类似于传统的文件夹，可以使用与在文件夹中浏览文件相同的方式浏览文件，也可以查看按属性（如日期、类型和作者）排列的文件。但库中的对象就是各种文件夹与文件的一个快照，库中并不真正存储文件，只是分类"收藏"文件和文件夹，不同于传统文件夹中保存的文件或子文件夹来自于同一个存储位置，库中的对象来自于用户计算机或来自于移动磁盘等不同存储位置上的文件。收纳到库中的内容除了它们自占用的磁盘空间之外，几乎不会再额外占用磁盘空间，并且删除库及其内容时，也并不会影响到那些真实的文件。

库使得访问文件更加快捷。例如，使用音乐库可以直接访问所有音乐文件，省去了逐个查看的过程。

六、快捷方式

快捷方式是 Windows 提供的一种快速启动程序、打开文件或文件夹的方法，是指向对象的链接，类似于现实生活中的"遥控"。它是一个链接对象的图标，而不是对象本身。为经常使用的程序、文件和文件夹创建快捷方式并放置在方便的位置，可以方便访问，节省时间。

快捷方式的显著标志是在图标的左下角有一个向右上弯曲的小箭头，如 ![箭头] 。它一般存放在桌面、"开始"菜单和任务栏这 3 个位置，也可以在任意位置建立快捷方式。

七、剪贴板

剪贴板是从一个地方复制或移动并打算在其他地方使用的信息的临时存储区域。可以选择文本或图形，然后使用"剪切"或"复制"命令将所选内容移至剪贴板，在使用"粘贴"命令将该内容插入到其他地方之前，它会一直存储在剪贴板中。

例如，可以复制网页上的一部分文本，然后将其粘贴到电子邮件中。大多数 Windows 程序都可以使用剪贴板。

【任务实施】

一、使用资源管理器

1. 查看磁盘属性

在"计算机"窗口中，磁盘下方只显示磁盘的可用空间和总容量。

如果要更加详细地查看磁盘属性，右击该磁盘的图标，在弹出的快捷菜单中选择"属性"命令，打开"本地磁盘（C:）属性"对话框，如图 2-7 所示。选择"常规"选项卡，就能够详细了解该磁盘的类型、已用空间、可用空间、总容量等属性，同时还可以设置磁盘卷标。

2. 查看磁盘内容，打开文件或文件夹

Windows 7 在窗口工作区域列出了计算机中各个磁盘的图标，下面以 C 盘为例说明如何查看磁盘中的内容。

在"计算机"窗口中双击 C 盘图标，打开 C 盘窗口，如图 2-8 所示。窗口的状态栏上显示出该磁盘中共有 9 个对象，如果要打开某一个文件或文件夹，只要双击该文件或文件夹的图标即可。

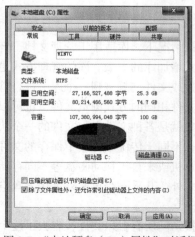

图 2-7 "本地硬盘（C:）属性"对话框

图 2-8 C 盘窗口

3. 改变图标显示方式

可以根据需要使用几种不同的图标方式显示磁盘内容，单击窗口菜单栏中的"查看"菜单中的"超大图标""大图标""中等图标""小图标""列表""详细资料""平铺""内容"命令，可以切换不同的显示方式，如图 2-9 所示。也可以通过单击工具栏上的"更改您的视图"按钮 ，在弹出菜单中选择显示方式。或者右击空白处，在弹出的快捷菜单中选择"查看"列表设置显示方式。

图 2-9 "查看"改变图标显示方式

4. 改变图标排列方式

为了方便查看磁盘上的文件，可以对窗口中显示的文件和文件夹按照一定方式进行排序。单击"查看"菜单，或右击空白处并在弹出的快捷菜单中选择"排序方式"列表中的"名称""修改日期""类型"或"大小"等命令，如图 2-10 所示。

图 2-10 "排序方式"改变图标排列方式

5. 分组显示文件夹内容

要对文件夹中的内容进行分组显示，单击"查看"菜单，或右击空白处并在弹出的快捷菜单中选择"分组依据"列表中的"类型""递增"等命令，如图 2-11 所示。

图 2-11 "分组依据"显示文件夹内容

如果要取消分组，可在"分组依据"列表中选择"无"命令。

二、文件或文件夹的操作

1. 新建文件夹和文件

（1）新建文件夹

在 E 盘根文件夹中新建一个名为"项目"的文件夹（表示为 E:\项目）。操作步骤如下。

步骤 1：打开用来存放新文件夹的磁盘驱动器或文件夹。双击桌面上的"计算机"图标或右击"计算机"，在弹出的快捷菜单中选择"打开"命令。打开"计算机"窗口后，双击"硬盘 E:"，即打开了 E 盘的根文件夹。

步骤 2：在目标区域中右击空白处，在弹出的快捷菜单中选择"新建"列表中的"文件夹"命令，这时在目标位置会出现一个文件夹图标，默认名称为"新建文件夹"，且文件名处于选中的编辑状态，如图 2-12 所示。

图 2-12 "新建文件夹"

步骤 3：输入文件夹名"项目"，按 Enter 键或单击空白处确认。

此操作还可以单击"文件"→"新建"→"文件夹"命令，或者在工具栏中单击"新建文件夹"按钮进行。

步骤 4：双击"项目"文件夹，在它里面分别新建 6 个子文件夹，名字分别为"一"～"六"。

（2）新建文件

一般应该在应用程序中新建文件，但是，Windows 7 允许一些类型的文件利用快捷菜单方式新建。如在刚新建的"项目"文件夹中，新建一个文件名为"123"的文本文档（表示为 E:\项目\123.txt）。操作步骤如下。

步骤 1：打开用来存放新文件的磁盘驱动器或文件夹。双击"项目"文件夹，则打开这个文件夹。

步骤 2：在目标区域右击空白处，在弹出的快捷菜单中选择"新建"列表中允许创建的文件类型"文本文档"，这时在目标位置会出现一个文件图标，且文件名处于选中的编辑状态，如图 2-13 所示，输入主文件名"123"，按 Enter 键或单击空白处确认。

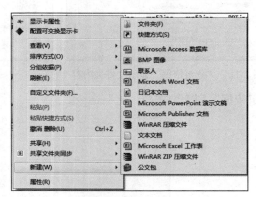

图 2-13 "新建"文本文档

此操作也可以单击菜单"文件"→"新建"→具体文件类型命令进行。

2. 显示文件扩展名、文件路径，显示隐藏文件（夹）

（1）显示文件扩展名和文件路径，操作步骤如下。

步骤1：选择菜单"工具"→"文件夹选项"命令，打开如图2-14所示的"文件夹选项"对话框。

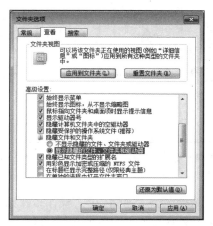

图2-14   "文件夹选项"对话框的"查看"选项卡

步骤 2：单击"查看"选项卡，取消勾选对话框中"高级设置"处的"隐藏已知文件类型的扩展名"复选框，单击"应用"按钮。

步骤3：勾选对话框中"高级设置"处的"在标题栏显示完整路径（仅限经典主题）"复选框，单击"确定"按钮。

（2）显示被设置了隐藏属性的文件（夹），操作步骤如下。

步骤1：选择菜单"工具"→"文件夹选项"命令，打开如图2-14所示的"文件夹选项"对话框。

步骤2：单击"查看"选项卡，选中对话框中"高级设置"处的"显示隐藏的文件、文件夹和驱动器"单选按钮，单击"确定"按钮。

此操作也可以在工具栏中单击"组织下拉列表选择"文件夹和"搜索选项"进行。

3. 选择文件或文件夹

（1）选定单个文件或文件夹。直接单击所要选定的文件或文件夹，该文件或文件夹将高亮显示。

（2）选定多个连续的文件或文件夹。单击要选定的第一个文件或文件夹，按住 Shift 键的同时，用鼠标单击最后一个文件或文件夹。

或者使用拖放方式。即指针移到要选择的连续文件或文件夹的选区角上，按住鼠标不放，朝选区方向拖出一个矩形框，则选中选区中的文件或文件夹，如图2-15所示。

（3）选定多个不连续的文件或文件夹。单击要选定的第一个文件或文件夹，按住 Ctrl 键的同时，用鼠标逐个单击要选取的其他文件或文件夹，如图2-16所示。

（4）全部选定文件或文件夹。单击菜单"编辑"→"全部选定"命令，或者在工具栏单击"组织"→"全选"命令，或者使用"Ctrl + A"快捷键。

（5）取消选定。按住 Ctrl 键的同时，单击要取消选定的文件或文件夹。如果要取消全部文件或文件夹的选定，可以单击空白处。

（6）反向选择。如果需要选定的是窗口中的大多数文件或文件夹，可以使用全部选定，再取消个别不需要的文件或文件夹。或者选定不需要的文件或文件夹，单击"编辑"→"反向选择"命令。

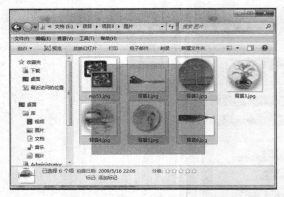

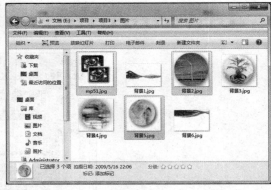

图 2-15　用拖放方式选择多个连续的文件或文件夹　　　　图 2-16　选择不连续的文件或文件夹

4. 重命名文件或文件夹

将刚新建的"123.txt"文件重命名为"通知.txt"。操作步骤如下。

步骤 1：选中需要重命名的文件或文件夹。单击文件 123.txt。

步骤 2：右击文件并在弹出的快捷菜单中选择"重命名"命令，文件或文件夹的名称处于蓝底白字的编辑状态（见图 2-17），输入新的主文件名字"通知"，按 Enter 键或单击空白处确认。

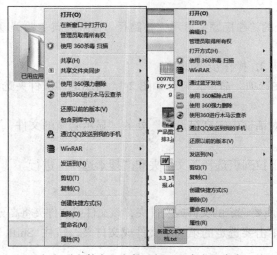

（a）对文件夹和文件选择"重命名"命令　　　　　　　　（b）文件夹和文件的名称处于可编辑状态

图 2-17　"重命名"文件夹或文件

还可以采用以下方法。

- 在选中的文件或文件夹名称处单击一次，使其处于编辑状态。然后输入新的名称，按 Enter 键或单击空白处确认。

- 在工具栏中单击"组织"→"重命名"命令。

- 在菜单栏中单击"文件"→"重命名"命令。

另外，一次可以重命名多个文件，这对相关项目分组很有帮助。先选择这些文件，然后按照上述步骤之一进行操作。输入一个名称，然后每个文件都将用该新名称来保存，并在结尾处附带上不同的顺序编号。图 2-18 所示为"一次重命名多个文件"窗口。

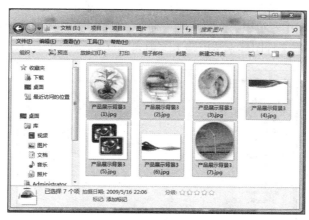

图 2-18 一次"重命名"多个文件

重命名文件或文件夹时，在同一个文件夹中不能有两个同名的文件或文件夹。另外，不要对系统中自带的文件或文件夹、安装应用程序时所创建的文件或文件夹重命名。

5. 查找文件或文件夹

当用户想对某个文件或文件夹进行操作，而又忘记该文件或文件夹的存放位置或完整名称时，可以使用 Windows 提供的搜索功能进行查找，找到后再进行操作。具体操作步骤如下。

步骤 1：打开资源管理器或者要查找的文件或文件夹所在的存放位置。这里指定文件的具体位置为 C:\Windows\System32。

步骤 2：在窗口的右上角搜索框中输入要查找的文本，即文件或文件夹名称，输入完整文件名"mspaint.exe"，如图 2-19（a）所示。

步骤 3：查找文件位置不变，在窗口的右上角搜索框中输入要查找的文本，即文件或文件夹名称（只输入部分名称），输入"m"，如图 2-19（b）所示。

步骤 4：单击窗口左侧的 键，逐级退回上级目录，最后指定查找文件的大致位置是 C:盘。

步骤 5：在窗口的右上角搜索框中输入要查找的文本，即文件或文件夹名称，输入完整的文件名"mspaint.exe"，如图 2-19（c）所示。

另外也可以利用"开始"菜单的搜索功能。

（1）如果没有指明文件位置，则会在所有磁盘中搜索。

（2）在不确定文件或文件夹名称时，可使用通配符协助搜索。通配符有两种：星号（＊）代表零个或多个字符，例如，若要查找主文件名以 w 开头，扩展名为 dll 的所有文件，可以输入 w*.dll；问号（？）代表单个字符，例如，若要查找主文件名由 2 个字符组成，第 2 个字符为 w，扩展名为 txt 的所有文件，可以输入?w.txt。

6. 查看和设置文件（夹）属性

查看"项目"文件夹属性，将它的属性设置为只读；查看"通知.txt"文件的属性，将它的属性设置为隐藏。

步骤 1：选中要设置属性的文件（夹），即单击选中"项目"文件夹。

步骤 2：选择菜单"文件"→"属性"命令，出现如图 2-20 所示的"属性"对话框，显示了该文件夹的"只读""隐藏""存档"等属性。勾选"只读"复选框，设置该文件夹属性为只读，单击"确定"按钮。也可以右击文件夹，在弹出的快捷菜单中选择"属性"命令进行。

步骤3：双击"项目"文件夹，打开"项目"文件夹。单击选中"通知.txt"文件。

步骤4：单击工具栏中"组织"→"属性"命令，查看该文件的属性。勾选"隐藏"复选框，单击"确定"按钮，然后文件图标就从屏幕上"消失"。

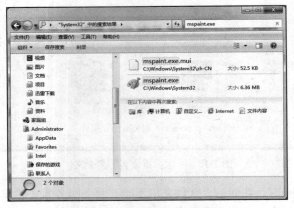

（a）指定位置查找完整文件名的文件

（b）指定位置查找部分文件名的文件

（c）大致位置查找完整文件名的文件

图 2-19　查找文件或文件夹

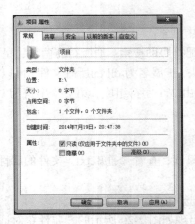

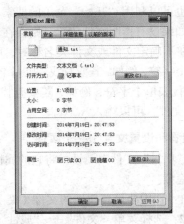

图 2-20　查看和设置文件（夹）属性对话框

7. 创建快捷方式

为"项目"文件夹分别在桌面上、"开始"菜单中、任务栏中、任意位置创建快捷方式。

（1）在桌面上创建快捷方式

右击要创建快捷方式的程序、文件或文件夹"项目"，在弹出的快捷菜单中选择"发送到"列表中的"桌面快捷方式"命令，如图 2-21 所示，即可完成桌面快捷方式的创建。

图 2-21　在桌面上创建快捷方式

（2）在"开始"菜单中创建快捷方式

直接将要创建快捷方式的程序、文件或文件夹"项目"拖入"开始"菜单中，如图 2-22 所示，完成快捷方式在"开始"菜单中的创建。

（3）在任务栏中创建快捷方式

直接将要创建快捷方式的程序、文件或文件夹"项目"拖入任务栏，如图 2-23 所示，完成快捷方式在任务栏中的创建。

图 2-22　直接将目标文件或文件夹拖入"开始"菜单　图 2-23　直接将目标文件或文件夹拖入任务栏

（4）在任意位置创建快捷方式

步骤 1：右击要创建快捷方式的文件或文件夹"项目"，在弹出的快捷菜单中选择"创建快捷方式"命令，如图 2-24 所示。

步骤 2：右击该快捷方式，在弹出的快捷菜单中选择"复制"或"剪切"命令。

步骤 3：右击指定存放快捷方式的位置，在弹出的快捷菜单中选择"粘贴"命令。

也可以使用鼠标拖动的方式进行创建，但拖动方式与常用的左键拖动不同，需要在拖动对象时按住鼠标右键不放，当将要创建快捷方式的对象拖动到目标位置时，放开鼠标右键会弹出快捷菜单，如图 2-25 所示。如选择"在当前位置创建快捷方式"，即可完成快捷方式的创建。同样，复制和移动对象也可以采取这种方式。

图 2-24 "创建快捷方式"快捷菜单　　　　图 2-25 鼠标右键拖动方式创建快捷方式

另外也可以使用以下的方法。

步骤 1：右击存放快捷方式的目标文件夹的空白处，在弹出的快捷菜单中选择"新建"列表中的"快捷方式"命令，打开"创建快捷方式"对话框。

步骤 2：单击"浏览"按钮，在弹出的"浏览文件或文件夹"对话框中，选择要创建快捷方式的程序、文件或文件夹，单击"确定"按钮，回到"创建快捷方式"对话框，单击"下一步"按钮，进入"快捷方式命名"对话框。

步骤 3：输入快捷方式名称，单击"完成"按钮，完成创建快捷方式，如图 2-26 所示。

（a）选择"快捷方式"命令　　　（b）选择要创建快捷方式的位置　　　（c）设置快捷方式的名称

图 2-26 新建"快捷方式"

删除快捷方式与删除文件或文件夹的方式一样。需要注意的是，即使删除了快捷方式，用户还可以通过"资源管理器"找到目标程序或文件、文件夹并运行它们。但如果是程序或文件、文件夹被删除，和它们对应的快捷方式就会失去作用。

8. 新建库

（1）新建库，库名为"计算机应用基础"

步骤1：在任务栏中，单击"Windows 资源管理器"按钮 ![]，单击左侧导航窗格中的"库"。

步骤2：单击工具栏上的"新建库"按钮，新建一个默认名称为"新建库"的库。

步骤3：键入库的名称"计算机应用基础"，按 Enter 键确认，如图 2-27 所示。

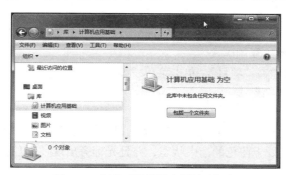

图 2-27　新建"计算机应用基础"库

（2）包含文件夹"项目"到库"计算机应用基础"

步骤1：在 Windows 资源管理器中，选中要添加到库中的文件所在文件夹"项目"，然后单击（不是双击）该文件夹。

步骤2：在工具栏中，单击"包含到库中"，然后从图 2-28 所示的列表中选择"计算机应用基础"库。这样就将选中的文件夹包含到"计算机应用基础"库中了。

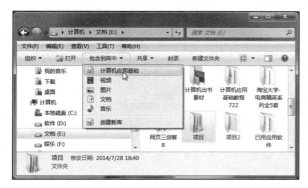

图 2-28　将文件夹包含到库

"项目"文件夹添加到"计算机应用基础"库后，后期如果需要打开"项目"文件夹以查看文件夹，除了通过"计算机""资源管理器"窗口打开以外，还可以通过打开"计算机应用基础"库打开。

如果不需要将某些文件（夹）通过库来进行管理，可以将其从库中删除。删除文件（夹）时，不会从原始位置中删除该文件夹及其内容。其操作步骤如下。

步骤1：在任务栏中，单击"Windows 资源管理器"按钮，打开资源管理器。

步骤2：在导航窗格中，用鼠标右击要从库中删除的文件夹，在弹出的快捷菜单中选择"从库中删除位置"命令。

同理，如果不需要某些库，也可用鼠标右击要删除的库名，在弹出的快捷菜单中选择"删除"

命令进行删除。

9. 复制文件或文件夹

复制文件或文件夹是指把一个文件夹中的一些文件或文件夹复制到另一个文件夹中，执行复制命令后，原文件夹中的内容仍然存在，而新文件夹中拥有与原文件夹中完全相同的文件或文件夹。

例如，将查找到的 mspaint.exe 文件复制到 E 盘的"项目"文件夹中。实现复制文件或文件夹的方法有很多，下面介绍几种常用操作。

（1）使用剪贴板

步骤 1：选定要复制的文件或文件夹"mspaint.exe"，单击菜单"编辑"→"复制"命令，或者使用"Ctrl + C"快捷键（复制）。

步骤 2：打开目标文件夹"项目"，单击菜单"编辑"→"粘贴"命令，实现复制操作，或者使用"Ctrl + V"快捷键（粘贴）。

（2）使用拖动

选定要复制的文件或文件夹，按住 Ctrl 键不放，用鼠标将选定的文件或文件夹拖动到目标文件夹上，此时目标文件夹处于蓝色的选中状态，并且光标旁出现"+复制到"提示，如图 2-29 所示，松开鼠标左键即可实现复制。还可以按住鼠标右键，然后将文件拖动到新位置。释放鼠标按钮后，单击"复制到当前位置"。此操作适用于同一窗口的复制操作。

10. 移动文件或文件夹

移动文件或文件夹是指把一个文件夹中的一些文件或文件夹移动到另一个文件夹中，执行移动命令后，原文件夹中的内容都转移到新文件夹中，原文件夹中的这些文件或文件夹将不再存在。

移动操作与复制操作有些类似。当使用剪贴板操作时，单击菜单"编辑"→"剪切"命令，或者"Ctrl + X"快捷键（剪切）。使用鼠标左键拖动时，不按住 Ctrl 键（见图 2-30），使用鼠标右键时单击"移动到当前位置"。

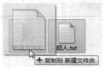 

图 2-29　拖动选定文件到目标文件夹复制　　　图 2-30　拖动选定文件到目标文件夹移动

（1）在同一磁盘的各个文件夹之间使用鼠标左键拖动文件或文件夹时，Windows 默认的操作是移动操作。

（2）在不同磁盘之间拖动文件或文件夹时，Windows 默认的操作为复制操作。

（3）如果要在不同磁盘之间实现移动操作，可以按住 Shift 键不放，再进行拖动。

11. 删除文件或文件夹

用户可以删除一些不再需要的文件或文件夹，以便对文件或文件夹进行管理。删除后的文件或文件夹被放到"回收站"中，可以选择将其彻底删除或还原到原来的位置。

删除操作有几种方法。

（1）右击要删除的文件或文件夹，在弹出的快捷菜单中选择"删除"命令。

（2）选中要删除的文件或文件夹，在"文件"菜单中选择"删除"命令，或者在工具栏中选择"组织"→"删除"命令，或者按键盘上的 Delete 键。

（3）将要删除的文件或文件夹直接拖动到桌面上的"回收站"中。

执行上述任一操作后，都会弹出"删除文件夹"确认对话框，如图 2-31 所示，单击"是"按钮，则将文件删除到回收站中，单击"否"按钮，将取消删除操作。

如果在用右键选择快捷菜单中的"删除"命令的同时按住 Shift 键，或者同时按"Shift + Delete"快捷键，将跳出如图 2-32 所示的对话框，此时实现永久性删除，被删除的文件或文件夹将被彻底删除，不能还原。

图 2-31　"删除文件夹"——删除到回收站

图 2-32　"删除文件夹"——永久性删除

移动介质中的删除操作无论是否使用 Shift 键，都将执行彻底删除。

12. 删除或还原回收站中的文件或文件夹

"回收站"提供了一个安全的删除文件或文件夹的解决方案，如果想恢复已经删除的文件，可以在回收站中查找；如果磁盘空间不够，也可以通过清空回收站来释放更多的磁盘空间。删除或还原回收站中的文件或文件夹可以执行以下操作步骤。

步骤 1：双击桌面上的"回收站"图标 ，打开"回收站"窗口，如图 2-33 所示。

步骤 2：单击"回收站"工具栏中的"清空回收站"按钮，可以删除"回收站"中所有的文件和文件夹；单击"回收站"工具栏中的"还原所有项目"按钮，可以还原所有的文件和文件夹，若要还原某个或某些文件和文件夹，可以先选中这些对象，再进行还原操作。

图 2-33　"回收站"窗口

任务二　系统管理

【任务要求】将 Windows 7 操作系统按照自己的实际需求进行个性化设置。

【任务分析】Windows 7 操作系统的个性化设置包括用户账户、桌面、主题、输入法、日期和时间、打印机设备等，通过设置用户账户、个性化桌面、个性化主题等来实现。

【知识技能】

一、用户账户

通过用户账户管理，共用一台计算机的每个用户都可以有一个具有唯一设置和首选项（如桌面背景或屏幕保护程序）的单独的用户账户。用户账户可控制可以访问的文件和程序，以及可以对计算机进行的更改的类型。

通常，大多数计算机用户创建标准账户。有了用户账户，用户创建保存的文档将存储在自己的"我的电脑"文件夹中，而与使用该计算机的其他用户的文档分开。

Windows 7 系统有 3 种类型的账户。每种类型的账户分别享有不同的计算机控制级别。

- 标准账户适用于日常计算，有些功能将限制使用。
- 管理员账户可以对计算机进行最高级别的控制，但只在必要时才使用。
- 来宾账户主要针对需要临时使用计算机的用户。

二、控制面板

要定制个性化的计算机环境，主要使用的是"控制面板"。"控制面板"提供了丰富的专门用于更改 Windows 的外观和行为方式的工具。通过它，用户可查看并操作基本的系统设置和控制，如控制用户账户、添加/删除软件、查看设置网络、添加硬件、更改辅助功能选项等。

【任务实施】

一、设置用户账户

Windows 支持多用户，即允许多个用户使用同一台计算机，每个用户只拥有对自己建立的文件或共享文件的读写权利，而对于其他用户的文件资料则无权访问。可以通过如下步骤在一台计算机上创建新的账户。

步骤 1：单击"开始"→"控制面板"，在"控制面板"中单击"用户账户和家庭安全"，切换到"用户账户"窗口。

步骤 2：单击"管理其他账户"选项，打开"管理账户"窗口，如图 2-34（a）所示。

步骤 3：单击"创建一个新账户"选项，为新账户输入一个名字"test"，选择"标准用户"或"管理员"账户类型，如图 2-34（b）所示。

步骤 4：单击"创建账户"按钮。

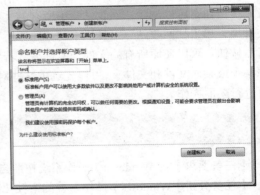

（a）"管理账户"窗口　　　　　　　　　（b）创建新账户

图 2-34　在"用户账户"窗口中创建新账户

二、更改外观和主题

在"控制面板"中，单击"外观和个性化"选项，切换到"个性化"窗口；或者，右击桌面空白处，在弹出的快捷菜单中选择"个性化"命令，如图 2-35 所示。在这里可以设置计算机主题、桌面背景、屏幕保护程序、桌面图标、鼠标指针等。

图 2-35　在"个性化"窗口的列表框中更换主题

1. 更换主题

在"个性化"窗口的列表框中选择不同的主题，可以使 Windows 按不同的风格呈现，如图 2-35 所示。

2. 更换桌面背景

在"个性化"窗口中，单击"桌面背景"选项，打开"桌面背景"对话框，如图 2-36 所示。

图 2-36　在"桌面背景"对话框中更改桌面

从"图片位置（L）"下拉列表中选择图片的位置，然后在下方的列表框中选择喜欢的背景图片。Windows 7 桌面背景有 5 种显示方式，分别是填充、适应、拉伸、平铺和居中，可以在窗口左下角的"图片位置（P）"下拉列表中选择合适的显示方式，设置完成后单击"保存修改"按钮进行保存。

还有一种更加方便的设置桌面背景的方法，即右击图片，从弹出的快捷菜单中选择"设置为桌面背景"命令。

3. 设置屏幕保护程序

如果在较长时间内不对计算机进行任何操作，屏幕上显示的内容没有任何变化，显示器局部就会持续显示强光，造成屏幕的损坏，使用屏幕保护程序可以避免这类情况的发生。

屏幕保护程序是在一个设定的时间内，当屏幕没有发生任何变化时，计算机自动启动一段程序来使屏幕不断变化或仅显示黑色。当用户需要使用计算机时，只要单击鼠标或按任意键就可以恢复正常使用。

在"个性化"窗口中，选择"屏幕保护程序"选项，打开"屏幕保护程序设置"对话框，如图 2-37 所示。

单击"屏幕保护程序"下方的下拉列表框箭头，选择一种屏幕保护程序，在"等待"框中键入或选择用户停止操作后经过多长时间激活屏幕保护程序，然后单击"确定"按钮。

4. 设置桌面图标

在"个性化"窗口中，单击左侧的"更改桌面图标"选项，打开"桌面图标设置"对话框，如图 2-38 所示。在"桌面图标"组合框中选中相应的复选框，可以将该复选框对应的图标在桌面上显示出来。

图 2-37 "屏幕保护程序设置"对话框

如果对系统默认的图标样式不满意，还可以进行更改。

（1）选择想要修改的图标，单击"桌面图标设置"对话框中的"更改图标"按钮，打开"更改图标"对话框，如图 2-39 所示。

图 2-38 "桌面图标设置"对话框

图 2-39 "更改图标"对话框

（2）在列表中选择喜欢的图标或者单击"浏览"按钮，重新选择图标。

三、设置日期和时间

单击"控制面板"中的"日期和时间"选项，或者单击任务栏上通知区域中的"日期和时间"，打开"日期和时间"对话框，如图 2-40 所示。单击"更改日期和时间"按钮，可以设置日期和时间。

四、添加或删除程序

应用软件的安装和卸载可以通过双击安装程序和使用软件自带的卸载程序来完成。"控制面板"也提供了"卸载程序"功能。

在"控制面板"中，单击"程序和功能"选项，打开"程序和功能"窗口。

在"卸载或更改程序"列表中会列出当前安装的所有程序，如图 2-41 所示。选中某一程序后，单击"卸载"或"修复"按钮可以卸载或修复该程序。

图 2-40 "日期和时间"对话框

图 2-41 "程序和功能"卸载程序/更改程序

五、中文输入法的安装、删除和设置

Windows 7 提供了多种中文输入法，如简体中文全拼、双拼、郑码、微软拼音 ABC 等。此外，用户还可以根据自身需要添加或删除输入法，如搜狗拼音输入法。

1. 安装输入法

双击"搜狗拼音输入法"应用程序，安装搜狗拼音输入法，安装后如图 2-42 所示。

2. 删除/卸载输入法

（1）在"控制面板"中，单击"程序和功能"项，打开"程序和功能"窗口。

（2）在"卸载或更改程序"列表中，右击"搜狗拼音输入法"程序。

（3）弹出"卸载/更改"，单击"卸载/更改"按钮，如图 2-43 所示。

图 2-42 安装的"搜狗拼音"输入法

图 2-43 删除/卸载"搜狗拼音"输入法

3. 设置输入法

步骤 1：在"控制面板"窗口中单击"更改键盘或其他输入法"，打开如图 2-44 所示的"区域和语言"对话框。

步骤 2：选择"键盘和语言"选项卡，单击"更改键盘"按钮，打开如图 2-45 所示的"文本服务和输入语言"对话框。

图 2-44 "区域和语言"对话框　　　　图 2-45 "文本服务和输入语言"对话框

步骤 3：单击"添加"按钮，打开如图 2-46 所示的"添加输入语言"对话框。选择需要的已安装的输入法，单击"确定"按钮，完成输入法的设置。

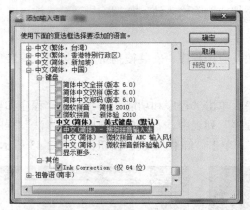

图 2-46 "添加输入语言"对话框

也可以右击"任务栏"中的"输入法"指示器，从快捷菜单中选择"设置"命令，从而打开"文本服务和输入语言"对话框进行输入法的添加或删除。

六、设置打印机

在用户使用计算机的过程中，有时需要将一些文档或图片以书面的形式输出，这时就需要使用打印机。

在 Windows 7 中，用户不但可以在本地计算机上安装打印机，如果连入网络，还可以安装网络打印机，使用网络中的共享打印机来完成打印。

1. 安装本地打印机

Windows 7 自带了一些硬件的驱动程序，在启动计算机的过程中，系统会自动搜索连接的新硬件并加载其驱动程序。

如果连接的打印机的驱动程序没有显示在系统的硬件列表中，就需要进行手动安装，安装步骤如下。

步骤 1：在"控制面板"中，单击"设备和打印机"选项，打开"设备和打印机"窗口。单击"添加打印机"按钮，启动"添加打印机"向导，如图 2-47 所示。

步骤 2：单击"添加本地打印机"选项，打开"选择打印机端口"对话框，要求用户选择安装打印机使用的端口。在"使用以下端口"下拉列表框中提供了多种端口，系统推荐的打印机端口是 LPT1，如图 2-48 所示。

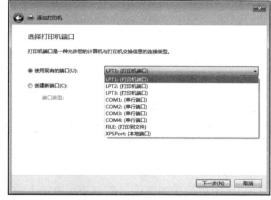

图 2-47 "设备和打印机"窗口和"添加打印机"向导 　　图 2-48 "选择打印机端口"对话框

步骤 3：选定端口后，单击"下一步"按钮，打开"安装打印机驱动程序"对话框。在左侧的"厂商"列表中罗列了打印机的生产厂商。选择某厂商时，在右侧的"打印机"列表中会显示该生产厂商相应的产品型号，如图 2-49 所示。

步骤 4：如果用户安装的打印机厂商和型号未显示在列表中，可以使用打印机附带的安装光盘进行安装。单击"从磁盘安装"按钮，输入驱动程序文件的正确路径，返回到"安装打印机软件"对话框。

步骤 5：确定驱动程序文件的位置后，单击"下一步"按钮打开"输入打印机名称"对话框，在"打印机名称"文本框中给打印机重新命名，如图 2-50 所示。

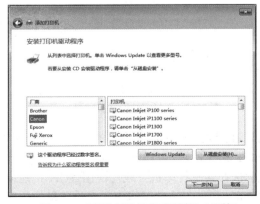
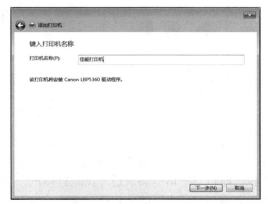

图 2-49 "安装打印机驱动程序"对话框 　　　图 2-50 "输入打印机名称"对话框

步骤 6：单击"下一步"按钮，屏幕上会出现"正在安装打印机"对话框，它显示了安装进度，如图 2-51 所示。当安装完成后，对话框会提示安装成功，在该对话框中可以将该打印机设置为默认的打印机。如果用户要确认打印机是否连接正确，且顺利安装驱动，可以单击"打印测试页"按钮，如图 2-52 所示，这时打印机会进行测试页的打印。

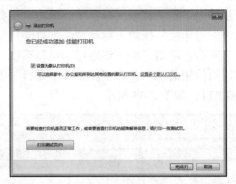

图 2-51　打印机安装进度　　　　　　　图 2-52　设置默认打印机并打印测试页

步骤 7：单击"完成"按钮，在"设备和打印机"窗口中会出现刚刚添加的打印机的图标。如果用户将其设置为默认打印机，则在图标旁边会有一个带"√"标志的绿色小圆，如图 2-53 所示。

2. 安装网络打印机

如果用户处于网络中，而网络中有已共享的打印机，那么用户也可以添加网络打印机驱动程序，使用网络中的共享打印机进行打印。

网络打印机的安装与本地打印机的安装过程类似，前两步操作完全相同，从第三步开始的操作步骤如下。

步骤 1：在"要安装什么类型的打印机"对话框中选择安装"添加网络、无线或 Bluetooth 打印机"，如图 2-54 所示。

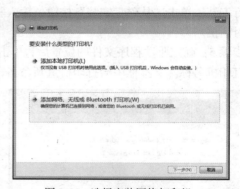

图 2-53　成功添加打印机和"默认打印机"　　　图 2-54　选择安装网络打印机

步骤 2：在"搜索可用打印机"对话框中，可以在搜索框中指定要连接的网络共享打印机，或者单击"我需要的打印机不在列表中"选项，如图 2-55 所示，打开"按名称或 TCP/IP 地址查找打印机"对话框，通过"浏览打印机""按名称选择共享打印机"或"使用 TCP/IP 地址或主机名添加打印机"的方式进行连接，如图 2-56 所示。如果不清楚网络中共享打印机的位置等相关信息，可以选择"浏览打印机"单选项，让系统搜索网络中可用的共享打印机。如果要使用 Internet、家庭或办公网络中的打印机，可以选择另两个选项。单击"下一步"按钮进行连接，如图 2-57 所示。

步骤 3：完成打印机的安装，如图 2-58 所示，可以使用网络共享打印机进行打印。

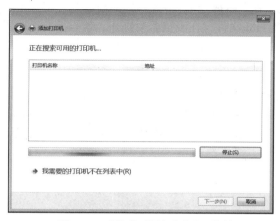

图 2-55　"搜索可用打印机"对话框

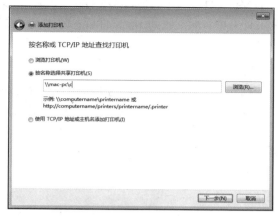

图 2-56　"按名称或 TCP/IP 地址查找打印机"对话框

图 2-57　连接到打印机

图 2-58　成功添加网络打印机

【综合练习】根据自己的需求和习惯，个性化定制自己的计算机，分类管理计算机文件，其中需包括桌面背景、桌面主题、屏保、桌面图标、输入法、快捷方式、库、文件和文件夹显示。

【实用技巧】

1．问题步骤记录器

Windows 7 系统有一个"问题步骤记录器"，它可以快速轻松同时又高效准确地记录用户在计算机桌面的操作过程。当我们遇到一些系统操作问题想要请教或者指导朋友却又感觉说不清楚的时候，可以用它来记录自己的系统操作过程，然后发给朋友。

Windows 7 的问题步骤记录器的用法很简单，先点击 Windows 7 桌面左下角的圆形"开始"按钮，在搜索栏中键入 PSR，或者键入中文"记录"字样，选择搜索出来的程序结果，就可以打开 Windows 7 系统问题步骤记录器。单击"开始记录"按钮，即可进入录制状态，这时候开始操作计算机，每单击一次鼠标，Windows 7 问题步骤记录器就会做一次截屏，并逐一记录鼠标、键盘和屏幕的操作过程。录制过程中如果担心有些步骤的记录说明不够详细，单击"问题步骤记录器"界面中的"添加注释"按钮，鼠标会变成一个"+"字，操作界面变成白色半透明效果，拖动鼠标，把需要强调的部分圈出矩形，在弹出的"添加注释"对话框中输入更加详细的描述信息即可。

单击"停止记录"后，Windows 7 系统会把这一组操作的截屏图片和文字描述整理成一个MHTML 文件，为了方便传送文件，"问题步骤记录器"生成一个 zip 文件，然后保存到用户指定的文件夹中。朋友收到 zip 文件后，解压即可看到 mht 文件，在浏览器中打开，就能很准确地了解当时的操作过程。

2. 快速获得文件路径

打开资源管理器，找到需要获取完整路径的文件，然后按住 Shift 键，用鼠标右键单击目标文件或者文件夹，在右键菜单中选择"复制为路径"，这个文件或者文件夹的完整路径就会粘贴到 Windows 7 剪贴板上。然后直接使用"Ctrl + V"快捷键，将文件路径粘贴在所需要的位置上即可。

任务一　宣传海报制作

【任务要求】制作图文并茂的宣传海报，最终效果如图 3-1 所示。

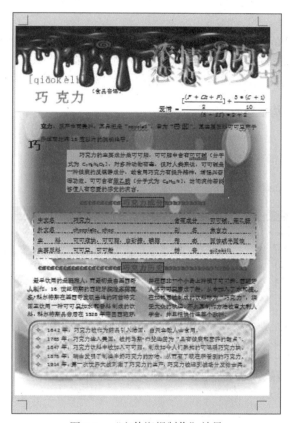

图 3-1　"宣传海报制作"效果

【任务分析】制作一个图文并茂的宣传海报，顾名思义，既包括文字也包括图片、图形、图像等。在对文字进行格式化处理的基础上，插入图片、图形、艺术字、文本框、其他对象等，并应用图文编辑功能，将图文元素进行巧妙编排。

【知识技能】

一、启动和退出 Word 2010

1. 启动 Word 2010

启动 Word 2010 的常用方法如下。

（1）单击"开始"→"所有程序"→"Microsoft Office"→"Microsoft Word 2010"，如图 3-2 所示。

（2）如果桌面上有 Word 2010 的快捷图标 ，可双击它启动 Word 2010。

（3）双击某个 Word 文档，也可启动 Word 2010。

2. 退出 Word 2010

退出 Word 2010 的常用方法如下。

（1）单击 Word 2010 窗口左上角的"文件"→"退出"命令。

（2）单击 Word 2010 窗口右上角的"关闭"按钮 X 。

（3）单击 Word 2010 窗口左上角的"快速访问工具栏"中 W 按钮列表中的"关闭"按钮。

若同时打开了多个 Word 文档，使用第 1 种方法退出 Word 2010 时，将关闭所有打开的文档并退出 Word 2010；使用第 2 和第 3 种方法退出时，将只关闭当前文档窗口，其他文档窗口依然保持正常的工作状态。

图 3-2　Word 2010 启动

二、认识 Word 2010 的基本界面

启动 Word 2010 后，屏幕上显示的是它的操作界面，如图 3-3 所示。其中包括快速访问工具栏、标题栏、功能区、编辑区和状态栏等组成元素。

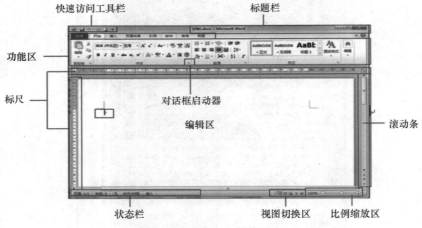

图 3-3　Word 2010 操作界面

1. 快速访问工具栏

快速访问工具栏主要包括一些常用命令。默认情况下，该工具栏包含了"保存" 、"撤销" 和"重复" 按钮。单击快速访问工具栏最右端的"下拉"按钮 ，可以添加其他常用命令。

2. 标题栏

标题栏显示当前程序与文件名称（首次打开程序，默认文件名为"文档 1"）和一些窗口控制按钮。标题栏右侧的 3 个窗口控制按钮 ─ □ X 可将程序窗口最小化、还原或最大化、关闭。

3. 功能区

功能区用选项卡的方式分类放置编排文档时所需的常用工具（光标放置在某个工具上时，会

显示该工具的功能和快捷键）。单击功能区中的选项卡标签可切换到不同的选项卡，从而显示不同的工具。在每个选项卡中，工具又被分类放置在不同的组中，如图 3-4 所示。某些组的右下角有个"对话框启动器"按钮。

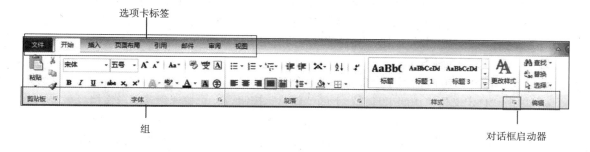

图 3-4 功能区组成

4. 对话框启动器

单击功能区中选项组右下角的"对话框启动器" ，即可打开该功能区域对应的对话框或任务窗格。例如，单击"字体"组右下角的"对话框启动器" ，可打开"字体"对话框。

5. 编辑区

编辑区是用户进行文本输入、编辑和排版的区域。在编辑区中有一个不停闪烁的"|"（光标，也称插入点，用来指明当前的编辑位置）。

6. 标尺

标尺分为水平标尺和垂直标尺，主要用于确定文档内容在纸张上的位置和设置段落缩进等。单击垂直滚动条最上面的"标尺"按钮 ，可显示或隐藏标尺。

7. 状态栏

状态栏用来显示正在编辑文档的状态和相关信息。

8. 视图切换区

视图切换区用于更改正在编辑的文档的显示模式。

9. 比例缩放区

比例缩放区用于更改正在编辑的文档的显示比例。

10. 滚动条

使用水平或垂直滚动条，可滚动浏览整个文件。

三、文档基本操作

1. 新建文档

步骤 1：单击菜单"文件"→"新建"命令（或按"Ctrl + N"快捷键），打开如图 3-5 所示的窗口。

步骤 2：在中间"可用模板"列表中单击模板类型。

（1）新建空白文档。选择要使用的模板"空白文档"按钮，单击右侧的"创建"按钮，创建空白文档。

（2）利用现成模板新建文档。Word 2010 中自带"博客文章""书法字帖"等模板，Office.com 提供"名片""日历"等在线模板。在中间"可用模板"列表中单击选择现成的并且符合使用需要的模板。单击"创建"按钮。

（3）下载模板新建文档。如果没有符合需求的模板，还可以从 Office.com 网站下载更多模板。在搜索文本框"在 Office.com 上搜索模板"中输入关键词，单击"搜索"按钮➡联网搜索有关模板，选择合适的模板，单击"下载"按钮，下载后将自动使用该模板新建文档。

另外，还有如下几种方法。

● 启动 Word 2010 时，程序会自动新建一个空白文档。

● 单击"自定义快速访问工具栏"上的"新建"按钮，可快速创建空白文档。

● 打开"计算机"窗口的某个盘符或文件夹，选择菜单"文件"→"新建"→"Microsoft Word 文档"命令，如图 3-6 所示，新建一个待修改文件名的 Word 文档 [图] 新建 Microsoft Word 文档，这时输入文件名，即可得到新建的空白文档。

图 3-5　使用"文件"选项卡新建文档

图 3-6　在资源管理器中新建 Word 2010 文档

2. 保存文件

（1）Word 文件保存

步骤 1：单击快速访问工具栏的"保存"按钮，或单击菜单"文件"→"保存"按钮（或按"Ctrl + S"快捷键），弹出"另存为"对话框。

步骤 2：在弹出的"另存为"对话框（见图 3-7）的左侧导航处，选择指定文档的保存位置，在"保存类型"下拉列表中选择保存文档类型，在"文件名"框中输入文件名。

步骤 3：单击"保存"按钮。

Word 文件可以使用多种类型来保存，在保存时可以在"另存为"对话框中选择"保存类型"。不同的文件类型对应的扩展名、图标一般不相同。例如，默认类型为"Word 文档"，对应扩展名为".docx"，图标为"[图]"。保存时，还可以在对话框中选择"保存类型"为"Word 97-2003 文档（*.doc）"。

（2）文件选项卡中"保存"与"另存为"的区别

保存：将文件保存到上一次指定的文件名称及位置，会以新编辑的内容覆盖原有文档内容。

另存为：将文件以新文件名、位置或保存类型保存，原文档不会发生改变。在第一次对文件进行保存时，会出现"另存为"对话框。

（3）自动保存文档

单击菜单"文件"→"选项"按钮，在"Word 选项"对话框中的"保存"选项卡中将"保存自动恢复信息时间间隔"设置为间隔值（默认为 10 分钟），如图 3-8 所示，Word 2010 就会自动每隔一段时间保存一次。

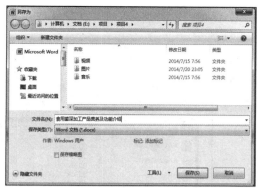

| 图 3-7 "另存为"对话框 | 图 3-8 "自动保存"设置 |

3. 关闭文档

步骤 1：保存要关闭的文档。

步骤 2：单击菜单"文件"→"关闭"按钮 。

另外，还可以退出 Word 2010 程序，使程序窗口和文档窗口一起关闭。

关闭文档或退出 Word 程序时，若文档经修改后尚未保存，系统将弹出提示对话框，提醒用户保存文档，如图 3-9 所示。单击"保存"按钮，则保存文档；单击"不保存"按钮，则直接关闭文档；单击"取消"按钮，则取消关闭文档操作，回到文档编辑窗口。

图 3-9　关闭文档

4. 打开文档

步骤 1：单击菜单"文件"→"打开"按钮 打开 （或按"Ctrll + O"快捷键），弹出"打开"对话框，如图 3-10 所示。

图 3-10　"打开"对话框

步骤 2：在对话框中选择文档所在的位置（磁盘驱动器和文件夹），在文件名列表中选择要打开的文档名。

步骤 3：单击"打开"按钮。

（1）打开最近打开过的文档。在"文件"选项卡中，单击"最近所有文件"命令显示的文档列表或启动 Word 2010 时的"最近"文档列表，如图 3-11 所示。

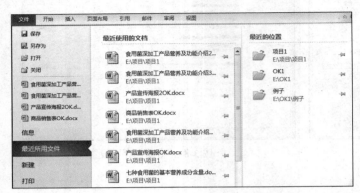

图 3-11　"最近所用文件"

（2）同时打开多个文档。在"打开"对话框中选择要打开的文档所在的位置时，按下 Shift 键或 Ctrl 键的同时选中多个文档；或者在资源管理器中，选中它们，在选中的区域上鼠标右击，在弹出的快捷菜单中选择"打开"命令。

5. 保护文档

Word 文档往往会发布给其他用户使用，为避免随意修改，通常会给文档设置密码保护，使文档只具有读的权限。还有一些文档不想随意让人复制粘贴，可以禁止复制粘贴。

步骤 1：单击"文件"选项卡中的"信息"。

步骤 2：在"权限"中，单击"保护文档" ，出现以下选项。

（1）标记为最终状态：将文档标记为最终状态后，将禁用或关闭键入、编辑命令和校对标记，并且文档将变为只读。"标记为最终状态"有助于让其他人了解到正在共享已完成的文档版本。

（2）用密码进行加密：　如果选择"用密码进行加密"，将显示"加密文档"对话框。在"密码"框中键入密码。

（3）限制编辑：控制可对文档进行哪些类型的更改，如果选择"限制编辑"，将显示 3 个选项。

①"格式设置限制"用于减少格式设置选项，同时保持统一的外观。单击"设置"选择允许的样式。

②"编辑限制"控制编辑文件的方式，也可以禁用编辑。单击"例外项"或"其他用户"可控制谁能够进行编辑。

③"启动强制保护"，单击"是，启动强制保护"可选择密码保护或用户身份验证。此外，还可以单击"限制权限"添加或删除具有受限权限的编辑人员。

（4）按人员限制权限：使用 Windows Live ID 限制权限，使 Windows Live ID 或 Microsoft Windows 账户可以限制权限。可以通过组织所用模板应用权限，也可以单击"限制访问"添加权限。

（5）添加数字签名：添加可见或不可见的数字签名。

四、文档编辑与录入

1. Word 文档的视图

Word 2010 中提供了多种视图模式供用户选择，这些视图模式包括页面视图、阅读版式视图、Web 版式视图、大纲视图和草稿视图 5 种视图模式。

可以在"视图"选项卡中选择需要的文档视图模式，也可以在 Word 2010 文档窗口的右下方单击视图按钮"▦▦▦▦▦"选择视图。

（1）页面视图。页面视图可以显示 Word 2010 文档打印出来的效果，主要包括页眉、页脚、图形对象、分栏设置、页面边距等元素，是最接近打印结果的页面视图。

（2）Web 版式视图。Web 版式视图以网页的形式显示 Word 2010 文档。Web 版式视图适用于发送电子邮件和创建网页。

（3）阅读版式视图。阅读版式视图以图书的分栏样式显示 Word 2010 文档。"文件"按钮、功能区等窗口元素被隐藏起来。在阅读版式视图中，用户还可以通过菜单"工具"按钮选择各种阅读工具。

（4）大纲视图。大纲视图主要用于 Word 2010 文档的设置和显示标题的层级结构，并可以方便地折叠和展开各种层级的文档。大纲视图广泛用于 Word 2010 长文档的快速浏览和设置。

（5）草稿视图。草稿视图取消了页边距、分栏、页眉、页脚和图片等元素，仅显示标题和正文，是最节省计算机系统硬件资源的视图方式。当然现在计算机系统的硬件配置都比较高，基本上不存在由于硬件配置偏低而使 Word 2010 运行遇到障碍的问题。

2. 光标

输入和编辑文档时，在文档编辑区始终有一个闪烁的竖线"|"，称为光标。

光标用来定位要在文档中输入或插入的文字、符号和图像等内容的位置。因此，在文档中输入或插入各种内容前，首先要将光标移动到需要的位置。

3. 录入文档内容

（1）输入文本。选择一种输入法后，就可以在 Word 文档中输入需要的文本。

（2）用软键盘输入特殊符号。如拼音、标点符号、数学符号、数字序号等。

步骤 1：右击输入法状态中的"软键盘"▦，选择软键盘类型（见图 3-12）。

步骤 2：单击软键盘上需要的字符。

步骤 3：右击输入法状态中的"软键盘"▦，选择"PC 键盘类型"，单击"软键盘"。

（3）用 Word 2010 的插入符号功能输入特殊符号。

步骤 1：单击光标所在的位置。

步骤 2：单击"插入"选项卡→"符号"组→"符号"按钮 Ω，单击需要字符。

步骤 3：单击"插入"选项卡→"符号"组→"符号"下拉列表 Ω，选择"其他符号"命令，打开"符号"对话框，下拉"字体"和"子集"列表选择，单击需要的字符（见图 3-13）。

（4）产生段落。段落是以回车符"↵"为结束标记的内容。按"Enter"键即可分段。

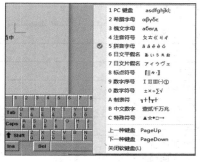

图 3-12　用软键盘输入特殊字符

图 3-13　插入特殊符号

4. 撤销和重复

当用户在进行文档录入、编辑或者其它处理时，Word 2010 会将用户所做的操作记录下来，如果用户出现错误的操作，则可以通过"快速访问工具栏"中的"撤销键入"按钮 ⤺ 将错误的操作取消，还可以利用该栏中的"恢复键入"按钮 ↻ 恢复到"撤销键入"之前的内容。

五、编辑文档内容

编辑文本的操作包括选择、复制、移动、删除、查找和替换文档。

1. 选定文本

在对 Word 中的文档进行编辑和格式设置操作时，应遵循"先选择，再操作"的原则。被选中的文本呈反白显示。常见的选择文本的方法如下。

（1）利用鼠标选定文本

有多种方法实现不同范围文本的选定。

最常用的方法是将光标放置到要选定的文本的开始处，按下左键并扫过要选定的文本，当拖动到选定的文本的末尾时，松开鼠标。

①选取一行或多行文本。将光标定位在文档的选定栏内（即文档编辑区的左侧，紧挨垂直标尺的空白区域），光标变成"⌀"形状，通过纵向拖动可以实现整行或多行文本的选定。

②选取一段文本：在段落中任何一个位置，连续按 3 下鼠标左键。

③选取所有内容：单击"编辑"→"全选"命令，或使用"Ctrl + A"快捷键。

④选取少量文本：将鼠标移至需选取文本的首字符处，使用鼠标左键拖动至欲选取的范围。

⑤选取大量文本：将鼠标移至需选取文本的首字符处并单击鼠标左键，然后按住 Shift 键的同时，在要选取文本的结束处单击鼠标左键。

⑥不连续选取文本：先用选取少量文本的方法，选取第一部分连续的文本；然后按住 Ctrl 键不放，继续使用鼠标左键拖动选取另外区域，直到选取结束，释放鼠标。

⑦以列为单位选取文本：按住 Alt 键，使用鼠标拖动的方式选定一块矩形文本。

（2）利用键盘选定文本

利用键盘选定文本可以通过编辑键与 Shift 键和 Ctrl 键的组合来实现，常用的方法如表 3-1 所示。

表 3-1 利用键盘选定文本

按键组合	选定内容
Shift + ↑	向上选定 1 行
Shift + ↓	向下选定 1 行
Shift + ←	向左选定 1 个字符
Shift + →	向右选定 1 个字符
Shift + Ctrl + ↑	选定内容扩展至段落首
Shift + Ctrl + ↓	选定内容扩展至段落尾
Shift + Ctrl + ←	选定内容扩展至单词首
Shift + Ctrl + →	选定内容扩展至单词尾
Shift + Home	选定内容扩展至行首
Shift + End	选定内容扩展至行尾
Shift + Ctrl + Home	选定内容扩展至文档首
Shift + Ctrl + End	选定内容扩展至文档尾
Ctrl + A	选定整个文档

2．移动、复制文本

移动或复制文本有 4 种常用方法：鼠标、按钮命令、快捷菜单和组合键。

（1）使用鼠标拖动来移动与复制

该方法适用于同一页面短距离的操作。选定要移动或复制的文本后，将鼠标移至被选定的文本上，鼠标指针形状变为向左的空心箭头"↖"，按住鼠标左键并拖动，此时光标变成"↳"，且可以看到一条竖虚线条的光标，将竖虚线拖到目标位置后释放鼠标，即可完成文本的移动。

如果需要完成文本的复制，只需要在鼠标左键拖动的同时，按住 Ctrl 键，光标变成"↳"即可复制。

（2）使用按钮命令移动与复制

选定要移动或复制的文本后，切换到"开始"选项卡，如果是移动文本则选择"剪贴板"组中的"剪切"按钮，如果是复制文本则选择"剪贴板"组中的"复制"按钮，将光标移动至要插入该文本的位置，选择"剪贴板"组的"粘贴"按钮。

（3）使用快捷菜单移动与复制

先选定要移动或复制的文本，鼠标移至被选定的文本上，鼠标形状变为向左的空心箭头"↖"，在选中的区域上右击鼠标，弹出快捷菜单，如果是移动文本就选择"剪切"，如果是复制文本就选择"复制"，将光标移动到要插入该文本的位置，在选中的区域上右击鼠标，在快捷菜单中选择"粘贴"。

（4）使用组合键移动与复制

先选定要移动或复制的文本，使用"Ctrl + X"快捷键完成文本的剪切或使用"Ctrl + C"快捷键完成文本的复制，最后将光标移动到要插入文本的位置，按"Ctrl + V"快捷键完成粘贴操作。

3．粘贴选项

在 Word 文档中，可以设置跨文档粘贴内容时所使用的格式，包括以下三种。

（1）保留源格式📋。即与复制的原始内容完全相同，包括文字、格式、样式、表格和图片等。

（2）合并格式📋。粘贴得到的内容和 Word 光标所在位置当前的格式一样。

（3）只保留文本🅰。仅粘贴文本文字，格式、样式、表格和图片等都去掉。

使用鼠标拖动来移动或复制文本后，在目标文本处会出现一个粘贴标记"📋(Ctrl)▾"，单击该标记，会弹出"粘贴选项"列表以供用户选择。

4．文本的删除

有两种情况：整体删除和逐字删除。

（1）整体删除：先选定要删除的文本，然后按 Delete 键或 Backspace 键。

（2）逐字删除：将光标定在要删除文字的后面，每按一下 Backspace 键可删除光标前面的一个字符；每按一下 Delete 键则可删除光标后面的一个字符。

5．查找文本

步骤 1：移动光标，将光标放置在要开始查找的位置，即文档的开头位置。

步骤 2：单击"开始"→"编辑"→"查找"按钮 🔍 查找(F) 或在"视图"→"显示"组中勾选"导航窗格"复选框 ☑ 导航窗格（或按"Ctrl + F"快捷键），打开"导航"窗格。

步骤 3：在"导航"窗格的搜索框中输入要查找的文字，单击"查找选项和其他搜索命令"按钮 🔍，如图 3-14 所示。

可以用 ▲ ▼ 按钮显示"上一处搜索结果"或"下一处搜索结果"。

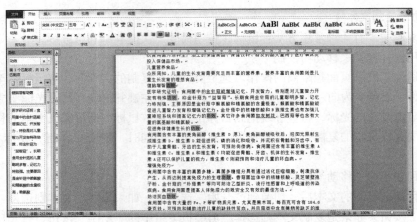

图 3-14 "导航"窗格搜索

6. 替换文本

步骤 1：将光标定位在文档中，单击"开始"→"编辑"→"替换"按钮 ，弹出"查找和替换"对话框并自动切换到"替换"选项卡，如图 3-15 所示。

步骤 2：在"查找内容"框中输入需要查找的内容，在"替换为"框中输入替换后的文本。

步骤 3：单击"全部替换"按钮，一次性替换所有符合查找条件的内容，如图 3-15 所示。

步骤 4：替换完成时，将自动弹出一个提示对话框（见图 3-16），提示 Word 已完成对文本的替换，单击"确定"按钮，关闭提示对话框。

图 3-15 执行"替换"命令

图 3-16 "替换"提示对话框

（1）如果想逐个替换查找到的内容，则单击"替换"按钮；如果不需要替换查找到的当前位置的文本，可单击"查找下一处"按钮跳过该文本并继续查找。

（2）若要进行高级查找和替换操作（如区分英文大小写，区分全角和半角，使用通配符及特殊格式等），可在"查找和替换"对话框中单击"更多"按钮，展开对话框进行操作，如图 3-17 所示。

图 3-17 "查找和替换"对话框的"更多"选项

六、格式化文档

1. 字符格式化

字符格式是指文本的字体、字形、字号、字色、效果、下画线、着重号、字符间距等。在Word 2010 中，可使用"开始"选项卡的"字体"组中的相应按钮或"字体"对话框设置字体格式。

步骤 1：选中要进行格式化的文字。

步骤 2：单击"字体"组中的相应功能的按钮（见图 3-18）；或单击"字体"组右下角的"启动对话框"按钮 ，在弹出的"字体"对话框中进行相应操作。

图 3-18 "字体"组常用按钮

（1）"字体组"常用按钮

①形成上标、下标。选中要成为上标或下标的字符，单击"开始"→"字体"→"上标"按钮 x^2 产生上标；单击"开始"→"字体"→"下标"按钮 x_2 形成下标。

②形成带圈字符。选中要添加带圈效果的字符，单击"开始"→"字体"→"带圈字符"按钮 给字符添加带圈效果。在打开的"带圈字符"对话框中选择圈的样式和圈号（见图 3-19）。

③添加拼音指南。选中要添加拼音指南的字符，单击"开始"→"字体"→"拼音指南"按钮 形成带拼音的字符。在打开的"拼音指南"对话框中设置拼音的格式（见图 3-20）。

图 3-19 "带圈字符"对话框

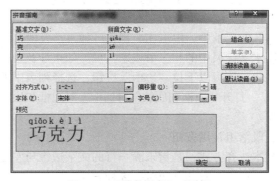

图 3-20 "拼音指南"对话框

（2）"字体"对话框

另外，还可以通过"字体"对话框对文字效果进行设置。方法是单击"字体"组右下方的"对话框启动器" ，在弹出的"字体"对话框中进行设置，如图 3-21 所示。

①"字体"对话框中的"字体"选项卡

● "所有文字"设置区可设置字体颜色、下划线和着重号，在相应的下拉列表中选择即可。

● "效果"设置区可设置字符的删除线、阴影、上标和下标、空心字等，勾选相应复选框即可。

②"字体"对话框中的"高级"选项卡

设置字符在宽度方向上的缩放百分比，以及字符间的距离、字符的上下位置等效果。

2. 段落格式

要设置某一个段落的格式，可以直接将光标定位在该段落中，执行相关命令。要同时设置多个段落的格式，就需要先选中这些段落，再进行格式设置。

 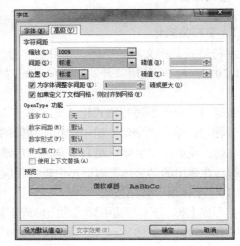

图 3-21　"字体"对话框

段落格式主要包括段落的对齐方式、段落缩进、段落间距和行间距等。可使用"开始"选项卡"段落"组中的相应按钮或"段落"对话框设置。

步骤 1：选中要进行格式化的段落。

步骤 2：单击"段落"组中的相应功能的按钮（见图 3-22）；或单击"段落"组右下角的"对话框启动器"按钮，在弹出的"段落"对话框中，单击相应操作。如果涉及段落缩进，可以使用水平标尺中的相应滑块来实现。如果涉及边框和底纹的格式化，还可以下拉"边框"按钮，选择列表中的"边框和底纹"，打开"边框和底纹"对话框，对边框和底纹进行格式操作。

图 3-22　"段落"组常用按钮

（1）段落组常用按钮

①文本对齐方式：是指未满一行的文字边缘与左右页边距的对齐方式。分左对齐、右对齐、居中对齐、两端对齐和分散对齐 5 种方式。

②缩进：指在行或段落左右边界相对左右页边距的空白距离，利用微调按钮微调整或输入数值和单位。单位为厘米或字符。段落的缩进有 4 种方式。

- 首行缩进。指段落首行的左边界往右端缩进。
- 悬挂缩进。指除了首行的左边界，段落中其他行的左边界往右端缩进。
- 左缩进。指段落中所有行的左边界都往右端缩进。
- 右缩进。指段落中所有行的右边界都往左端缩进。

③间距：分为段前距、段后距和行距。段落间距的单位为行或磅，利用微调按钮微调整或输入数值和单位；行距的单位为值或倍数，如果行距需要人为设定数值或倍数，则选择行距列表中的"固定值"或"多倍行距"。

④项目符号和编号：利用符号或编号将文档段落条理化、重点化。

自定义项目符号或编号：单击"开始"→"段落"→"项目符号" 或"项目编号" 右侧的下拉按钮，在列表中单击"定义新项目符号"或"定义新编号格式"，打开相应的对话框，定义新的项目符号或项目编号（见图 3-23）。

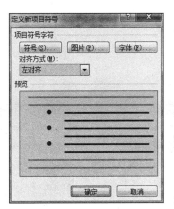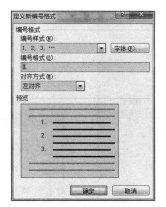

图 3-23 "定义新项目符号"和"定义新编号格式"对话框

如果想让新设置的编号从某个指定值开始，右击新列出的编号，在弹出的快捷菜单中选择"设置编号值"命令，打开"起始编号"对话框，选中"开始新列表"单选按钮，然后在"值设置为"文本框中输入想要显示的第一编号值，单击"确定"按钮。

如果定义的项目符号或编号是多级列表中的子一级，则光标定位在此项目符号或编号处，单击"开始"→"字体"→"增加缩进量"按钮 。

（2）水平标尺

水平标尺可以实现段落的各种缩进，还可以在水平标尺上拖动相应的滑块，如图 3-24 所示。

图 3-24　水平标尺实现"段落缩进"

（3）段落对话框

段落的缩进、段间距、行距设置可以通过"段落"对话框来完成。方法是单击"段落"组右下角的"对话框启动器" ，在弹出的"段落"对话框中进行设置（见图 3-25）。

（4）边框和底纹对话框

边框、底纹的设置可以通过"边框和底纹"对话框来完成，方法是单击"段落"组中"下框线"按钮 右侧的下拉按钮，在列表中选择"边框和底纹"命令，打开"边框和底纹"对话框（见图 3-26）。

①边框分为文字边框、段落边框和页面边框。

● 文字边框：把文字放在框中，以文字的宽度作为边框的宽度，如果超过一行，则会以行为单位添加边框线。字符的边框是同时添加上下左右 4 条边框线，所有边框线的格式是一致的。

● 段落边框：是以整个段落的宽度作为边框宽度的矩形框。段落边框还可以任意设置上下左右 4 条边框线的有无及格式。

● 页面边框：是为整个页面添加边框，一般在制作贺卡、节目单等时会用到。

②底纹分为段落底纹和文字底纹。在设置底纹时有"填充"和"图案"两部分，其中"图案"部分又分为"样式"和"颜色"。

● "填充"是指对选定范围部分添加背景色。

● "图案"是指对选定范围部分添加前景色，前景色包括各种"样式"。"图案"部分的"样式"默认为"清除"，是指没有前景色。"图案"部分的"颜色"默认为"黑色"。

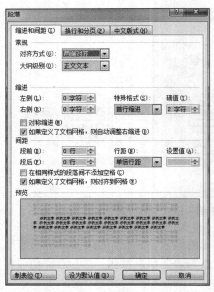

图 3-25 "段落"对话框　　　　　　　　　图 3-26 "边框和底纹"对话框

3. 格式刷

格式刷能够将光标所在位置的所有格式复制到所选文字上面，大大减少了排版的重复劳动。

把光标定位在设置好格式的文字上，单击"开始"→"剪贴板"→"格式刷" ，然后选择需要同样格式的文字，鼠标左键拖取范围选择，松开鼠标左键，格式复制结束。如果想连续使用格式刷，则把光标定位在设置好格式的文字上，双击格式刷 即可。

4. 制表位

制表位是指水平标尺上的位置，它指定了文字缩进的距离或一栏文字开始的位置，使用户能够向左、向右或居中对齐文本行；或者将文本与小数字符或竖线字符对齐。然后可以在制表符前自动插入特定字符。内容通过制表符来进行对齐，效果类似不显示表格边框线的表格。有 5 种不同的制表符，包括左对齐制表符、右对齐制表符、居中制表符、小数点制表符及竖线对齐制表符。

步骤 1：选中需要添加制表位的内容。

步骤 2：在需要的位置上添加制表位。

在水平标尺上单击，添加制表位。如果想去除此制表位，则在水平标尺上，拖动它至水平标尺下面。

双击制表位，打开"制表位"对话框。也可单击"段落"组右下角的"对话框启动器" ，在打开的"段落"对话框的"中文版式"选项卡中单击"制表位"，打开"制表位"对话框（见图3-27）。

步骤 3：在"制表位位置"编辑框中输入或修改制表位的位置数值，以精确设置制表位；在"对齐方式"区域选择制表位的对齐方式；在"前导符"区域选择前导符样式。设置完毕后单击"确定"按钮。如果想去除某个制表位，在"制表位位置"选中该制表位的位置数值，单击"清除"按钮。如果想去除所有制表位，则单

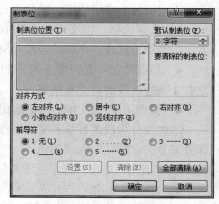

图 3-27 "制表位"对话框

击"全部清除"按钮。

步骤 4：单击内容间隔位置，按 Tab 键，则内容按制表位对齐，并自动产生前导符。

5. 首字下沉

首字下沉一般是设置段落的第一行第一个字的字体变大，并且下沉一定的距离，与后面的段落对齐，段落的其他部分保持原样。首字下沉主要用来对字数较多的文章标示章节。

步骤 1：单击首字下沉所在段落。

步骤 2：单击"插入"→"文本"→"首字下沉"按钮 。

步骤 3：单击"插入"→"文本"→"首字下沉选项" ，打开"首字下沉"对话框（见图 3-28）进行设置。

图 3-28　首字下沉及"首字下沉"对话框

6. 分栏

分栏是指在文档编辑中，将文档的版面划分为若干栏。一般地，分栏是由上而下垂直划分的，每一栏的宽度可以设置为相等或不相等。

步骤 1：选择参加分栏的段落。

步骤 2：单击"页面布局"→"页面设置"→"分栏"按钮 ，选择相应的分栏类型。

步骤 3：单击"页面布局"→"页面设置"→"更多分栏"选项 ，打开"分栏"对话框（见图 3-29）进行栏数、栏间距、分隔线等设置。

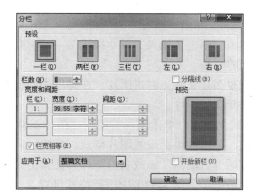

图 3-29　"分栏"对话框

如果分栏效果未达到要求，也可以选择这些已分栏段落，选择"一栏"类型，重新进行分栏操作。

七、插入对象

1. 插入对象

在文档中可以插入图片、图形、艺术字、文本框等对象，还可以插入数学公式、图表等对象。通过对它们格式化，达到图文混排的效果。可利用 Word 2010 功能区"插入"选项卡中的"插图"组和"文本"组中的按钮（见图 3-30），在文档中插入各种对象。

图 3-30 "插图"组和"文本"组中的按钮

下面是一些常用对象的插入。

（1）插入图片、剪贴画

步骤 1：插入图片或剪贴画（见图 3-31）。

图 3-31 插入图片或剪贴画

①插入图片文件。单击"插入"→"插图"→"图片"按钮。在"插入图片"窗口中选择图片。

②插入剪贴画。单击"插入"→"插图"→"剪贴画"按钮，再单击"搜索"按钮。在剪贴画列表中选择剪贴画。

步骤 2：更改图片文件。右击图片，在弹出的快捷菜单中选择"更改图片"命令，在"插入图片"窗口中选择新的图片。

步骤 3：格式化图片。单击图片，使用"图片工具 格式"选项卡中的各组按钮（见图 3-32）来调整图片颜色、艺术效果，设置图片样式、位置、自动换行、叠放次序、大小等。还可以单击选项卡中的"对话框启动器" 或右击图片并在弹出菜单中选择"设置图片格式"命令，在"设置图片格式"对话框（见图 3-33）中进行格式设置。

图 3-32 "图片工具 格式"选项卡

（a）图片的右键菜单　　　　　　　　　　（b）设置图片格式、大小、位置

图 3-33　设置图片格式

（2）插入形状、SmartArt 图形

步骤 1：插入形状、SmartArt 图形。

①插入形状。单击"插入"→"插图"→"形状"按钮，在列表中选择形状。使用鼠标左键拖动的方法，绘制出自选图形。

②插入 SmartArt 图形。单击"插入"→"插图"→"SmartArt"按钮，选择 Smart 图形布局创建相应的 SmartArt 图形（见图 3-34）。

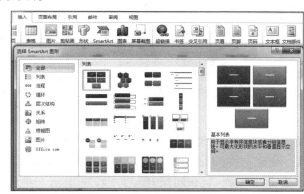

图 3-34　插入形状或 SmartArt 图形

步骤 2：编辑形状或 SmartArt 图形中的文字。单击形状、图形内部，或右击形状或图形，在弹出的快捷菜单中选择"编辑文字"命令。

步骤 3：格式化形状或 SmartArt 图形。单击形状，使用"绘图工具 格式"选项卡（见图 3-35）来调整形状，设置形状样式、位置、自动换行、叠放次序、大小等。单击 SmartArt 图形，使用"SmartArt 工具设计"和"SmartArt 工具格式"选项卡（见图 3-36）对图形进行格式化。还可以单击选项卡中的"对话框启动器"或右击形状并在弹出菜单中选择"设置形状格式"命令，在"设置形状格式"对话框中进行格式设置。

图 3-35　"绘图工具 格式"选项卡

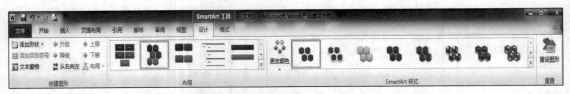

图 3-36 "SmartArt 工具 设计"和"SmartArt 工具 格式"选项卡

（3）插入艺术字

步骤 1：单击"插入"→"文本"→"艺术字"下拉按钮，选择一种"艺术字"样式（见图 3-37），单击"确定"按钮。

步骤 2：在文档出现的"请在此放置您的文字"图文框中（见图 3-38）输入艺术字内容。艺术字完成后，如果想更改艺术字内容，则单击艺术字，在图文框中进行编辑。

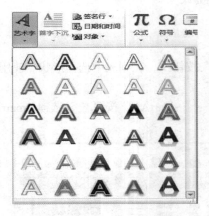

图 3-37 "艺术字"样式

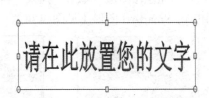

图 3-38 "编辑艺术字文字"对话框

步骤 3：设置艺术字字体格式。单击艺术字，选中图文框内文字，使用"开始"→"字体"组各按钮设置。

步骤 4：设置艺术字效果。单击艺术字，单击"绘图工具 格式"→"艺术字样式"→"文本效果"下拉按钮，在列表中选择"转换"，进一步选择需要的效果（见图 3-39）。还可以使用"绘图工具 格式"选项卡（见图 3-35）来调整形状，设置形状样式、位置、自动换行、叠放次序、大小等。

（4）插入文本框

文本框内可以放置文字、图片、表格等内容，文本框可以很方便地改变位置、大小，还可以设置一些特殊的格式。当插入或单击选中文本框后，功能区会出现"绘图工具 格式"选项卡。如果想编辑文本框中的文字内容，右击文本框，在弹出的快捷菜单中选择"编辑文字"命令，然后在文本框移动光标来编辑文本框中的内容。文本框有两种：横排和竖排文本框。

步骤 1：插入文本框。在"插入"→"文本"→"文本框"的下拉列表中（见图 3-40），选择文本框样式，自动产生一个文本框。

步骤 2：输入文本框内容。在文本框内的光标处可以插入文本、图片等。可直接单击文本框内部修改内容。

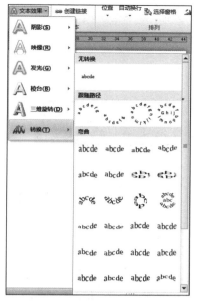

图 3-39　艺术字效果

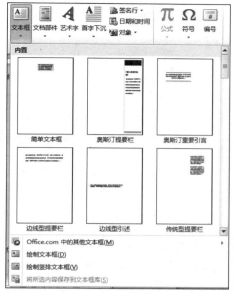

图 3-40　插入文本框

步骤 3：格式化文本框。单击文本框，使用"绘图工具 格式"选项卡来调整形状，设置形状样式、位置、自动换行、叠放次序、大小等。

（5）插入公式

步骤 1：插入公式。单击"插入"→"符号"→"公式"按钮，在列表中选择所需的内置公式。如果没有符合条件的公式，则在列表中选择"插入新公式"命令，出现公式编辑窗口（见图 3-41（a））。并且功能区出现"公式工具 设计"选项卡。定位光标，按照需要选择相应组中的按钮或在列表中选择符合需要的常用形式进行修改。

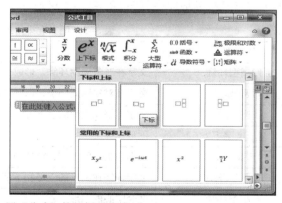

图 3-41（a）　用"公式"按钮插入公式

或者，单击"插入"→"文本"→"对象"按钮，在列表中选择"对象"，打开"对象"对话框。在"对象"对话框的"新建"选项卡中选择"Microsoft 公式 3.0"，单击"确定"按钮。定位光标，在"公式"对话框中选择符合需要的常用形式进行输入（见图 3-41（b））。

图 3-41（b） "插入对象"插入公式

图 3-41 插入公式

步骤 2：修改公式。双击公式，回到公式输入、编辑状态进行修改。

2. 用鼠标拖动的方法调整对象大小和位置

除了使用选项卡和快捷菜单方法调整对象的大小和位置外，还可以使用鼠标拖动的方法。调整对象的大小遵循"先选定，后操作"的原则，在使用鼠标选定对象时，要注意鼠标指针的不同形状。

（1）选中对象时，会出现 8 个控制点，鼠标移至 4 个顶角的控制点，鼠标指针形状变为"↙"、"↘"，这时，使用鼠标左键拖动的方式可以等比例缩放对象的大小。

（2）鼠标移至边线中部的控制点，鼠标形状变为"↔"，使用鼠标左键拖动的方式可以调整对象的宽度和高度。

（3）先选定要调整位置的对象，使用鼠标左键拖动的方式来改变对象的位置，在拖动的过程中鼠标的指针形状为"✥"。

除了用鼠标可以调整对象的位置外，键盘上的上下左右方向键也可以进行调整。

3. 文本环绕

文本环绕方式是指插入对象周围的文字以何种方式环绕该对象（见表 3-2）。

表 3-2　图文混排常见环绕方式及功能

环绕方式	功能作用
四周型环绕	文字在对象周围环绕，形成一个矩形区域
紧密型环绕	文字在对象四周环绕，以图片的边框形状形成环绕区域
嵌入型	文字围绕在图片的上下方，图片只能在文字范围内移动
衬于文字下方	图形作为文字的背景图形
衬于文字上方	图形在文字的上方，挡住图形部分的文字
上下型环绕	文字环绕在图形的上部和下部
穿越型环绕	适合空心的图形

4. 对象间的叠放次序

在页面上绘制或插入各类对象，每个对象其实都存在于不同的"层"上，只不过这种"层"是透明的，看到的就是这些"层"以一定的顺序叠放在一起的最终效果。

如需要某一个对象存在于所有对象之上，就必须选中该对象，在选中的区域上右击鼠标，并在弹出的快捷菜单中选择"置于顶层"命令。

5. 调整自选图形

鼠标移至紫色的竖菱形处，鼠标指针形状变为"✎"，使用鼠标左键拖动黄色的竖菱形，可以调整自选图形四角的"圆弧度"。

鼠标移至绿色的圆圈处，鼠标指针形状变为"◉"，使用鼠标左键拖动绿色的圆圈，可以调整自选图形的摆放"角度"。

6. 裁剪图片

裁剪功能是 Word 2010 的新增功能，利用此功能可以将插入到文档中的图片的多余部分去掉。方法是单击"图片工具 格式"选项卡中的"裁剪"按钮，单击列表中的"裁剪"命令，进入裁剪状态，如图 3-42 所示。

图 3-42　"裁剪"图片

鼠标指针指向图片中的裁剪标记，按住鼠标左键拖动，显示裁剪区域。松开鼠标，在空白处单击，即可完成裁剪，如图 3-42 所示。

【任务实施】

宣传海报的制作步骤如下。

步骤 1：新建空白文档。单击菜单"文件"→"新建"命令，在打开的窗口中间的"可用模板"列表中单击模板类型"空白文档"，单击"创建"按钮。

步骤 2：在文档中输入以下方框中的文字、段落。

巧克力（食品音译）

巧克力，原产中南美洲，其鼻祖是"xocolatl"，意为"苦水"。其主要原料可可豆产于赤道南北纬 18 度以内的狭长地带。

巧克力成分

巧克力的主要成分是可可脂，可可脂中含有可可碱（分子式为 $C_7H_8N_4O_2$），对多种动物有毒，但对人类来说，可可碱是一种健康的反镇静成分，故食用巧克力有提升精神，增强兴奋等功效。可可含有苯乙胺（分子式为 $C_8H_{11}N$），坊间流传着能够使人有恋爱的感觉的流言。

巧克力历史

最早饮用的是玛雅人，而最初是由墨西哥人制作的，16 世纪初期的西班牙探险家荷南多·科尔特斯在墨西哥发现当地的阿兹特克国王饮用一种可可豆加水和香料制成的饮料，科尔特斯品尝后在 1528 年带回西班牙，并在西非一个小岛上种植了可可树。西班牙人将可可豆磨成了粉，从中加入了水和糖，在加热后被制成的饮料称为"巧克力"，深受大众的欢迎。不久其制作方法被意大利人学会，并且很快传遍整个欧洲。

步骤 3：选中"巧克力（食品音译）"中的"巧克力"，单击"开始"→"字体"→"粗体"按钮**B**使字体加粗；单击"开始"→"字体"→"文本效果"下拉按钮 A 的第 4 行第 2 列的"渐变填充-橙色，强调文字颜色 6，内部阴影"；单击"开始"→"字体"→"拼音指南"按钮 并为它添加拼音指南（见图 3-43）。选中"（食品音译）"，单击"开始"→"字体"的"对话框启动器"，在"字体"对话框的"高级"选项卡，将位置提升为 16 磅（见图 3-44）。单击"开始"→"段落"的"对话框启动器"，在"段落"对话框的"缩进和间距"选项卡的"间距"处，设置该段间距为段前 2 行、段后自动。

图 3-43 拼音指南

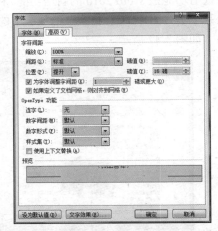

图 3-44 "字体"对话框的"高级"选项卡

步骤 4：选中"巧克力，原产……"段，单击"插入"→"文本"→"首字下沉"下拉按钮 ，选择"首字下沉选项"打开"首字下沉"对话框，选择"位置"为下沉，设置下沉行数为 2。选中"苦"字，单击"开始"→"字体"→"带圈字符"按钮 ，在"带圈字符"对话框中选择样式为增大圈号、圈号为圆形，为"苦"字添加带圆圈效果；选中"水"字，添加方形圈效果；设置该段间距为段前、段后均自动。

步骤 5：选中"巧克力的主要成分是……"段中的"可可脂"，单击"开始"→"字体"右下角的"对话框启动器" ，在打开"字体"对话框的"字体"选项卡"着重号"处，选择添加着重号；分别选中"可可碱"和"苯乙胺"，单击"开始"→"字体"→"下划线" ，在下拉列表中选择添加双下划线；分别选择 2 个分子式中成为下标的数字，单击"开始"→"字体"→"下标"按钮 $\mathbf{x_2}$，使其成为下标；单击"开始"→"段落"的"对话框启动器" ，在"段落"对话框的"缩进和间距"选项卡（见图 3-45）的"缩进"处，"左侧"、"右侧"输入 6，使该段落左右各缩进 6 字符，"特殊格式"处选择"首行缩进"，输入 2，使该段落首行缩进 2 字符；单击"开始"→"段落"→"边框和底纹" ，在下拉列表中选择"边框和底纹"，在打开的"边框和底纹"对话框的"底纹"选项卡（见图 3-46）中，选择"应用于"为段落、填充为橙色。

步骤 6：选中"巧克力成分"，添加边框。单击"开始"→"段落"→"边框和底纹" ，在下拉列表中选择"边框和底纹"，在打开的"边框和底纹"对话框的"边框"选项卡（见图 3-47）中，选择"应用于"文本、0.5 磅单实线、"设置"方框。设置文字字色为"橙色，强调文字颜色 6，深色 50%"，文字底纹为"橙色，强调文字颜色 6，深色 25%"。将"巧克力成分"的字符间距设置为 3 磅。选中"巧克力成分"，单击"开始"→"字体"的"对话框启动器" ，在"字体"对话框的"高级"选项卡，将"间距"加宽为 3 磅。在"巧"左边加入特殊符号为字体 Wingdings2 中的" "，在"分"右边加入特殊符号" "（见图 3-48）；单击"开始"→"段落"→"居中对齐"

按钮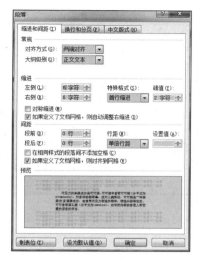。

图 3-45 "段落"对话框

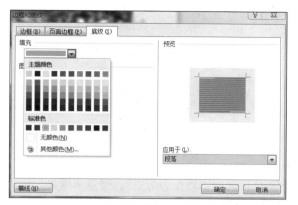

图 3-46 在"边框和底纹"对话框中设置底纹

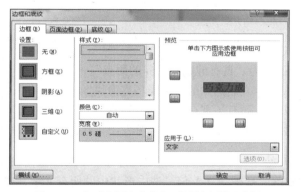

图 3-47 在"边框和底纹"对话框中设置边框

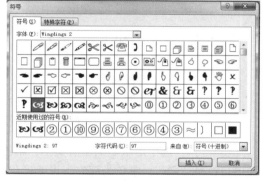

图 3-48 插入特殊符号

步骤 7：在"巧克力成分"处按 Enter 键另起一段。单击"插入"→"文本"→"文本框"下拉按钮，选择"简单文本框"，添加文本框，在文本框中输入以下方框中的文字：

> 中文名巧克力含有成分可可碱、苯乙胺
> 外文名 chocolate、choc 别　　　名朱古力
> 主　　料可可液块，可可脂，白砂糖，磷脂形　　态固体或半固体
> 主要原料可可豆、可可粉拼　　　音 qiǎokèlì

步骤 8：选中文本框中的所有文字，分别在水平标尺上如图 3-49 所示的位置上设置左对齐制表位，然后分别在"巧""含""可""c""别""朱""可""形""固""可""拼"和"q"前面按"Tab"键。

步骤 9：选中文本框中的所有文字，添加下划线"点-点-短线下划线"。如果哪行下划线和第一行下划线的长度不相同，则在该行最右边适当添加空格。

步骤 10：单击选中文本框，单击"绘图工具 格式"→"形状样式"→"形状样式"下拉按钮形状轮廓，选择形状轮廓为深红色的划线-点，单击"绘图工具 格式"→"形状样式"→"形状

填充"下拉按钮 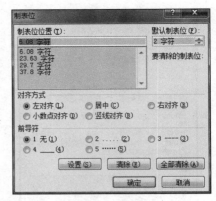，选择形状填充为渐变的变体的线性向下。

图 3-49　制作"制表位"

步骤 11：选中"巧克力历史"，重复步骤 6。

步骤 12：选中"最早……"段，分 2 栏，首行缩进 2 字符。

步骤 13：在文章结尾处按 Enter 键另起一段。单击"插入"→"插图"→"形状"下拉按钮，选择插入形状"圆角矩形"，在形状中输入以下方框中的文字：

1642 年，巧克力被作为药品引入法国，由天主教人士食用。

1765 年，巧克力进入美国，被托马斯·杰斐逊赞为"具有健康和营养的甜点"。

1847 年，巧克力饮料中被加入可可脂，制成如今人们熟知的可咀嚼巧克力块。

1875 年，瑞士发明了制造牛奶巧克力的方法，从而有了现在所看到的巧克力。

1914 年，第一次世界大战刺激了巧克力的生产，巧克力被运到战场分发给士兵。

步骤 14：选中形状中的所有文字，单击"开始"→"段落"→"项目符号"下拉按钮 添加项目符号"◇"，字色为深红。设置形状中段落的行距为 1.2 倍，选中形状中的所有文字，单击"开始"→"段落"的"对话框启动器"，在"段落"对话框的"缩进和间距"选项卡中，选择"行距"列表中的"多倍行距"，在"设置值"中输入 1.2。

步骤 15：单击选中形状，在"绘图工具 格式"选项卡中，设置形状填充为纹理水滴，形状轮廓为深红的划线-点，形状效果为棱台硬边缘，文本效果为棱台柔圆。

步骤 16：插入图片"E:\项目\三\qklbg1.jpg"，鼠标调整大小和位置；插入图片"E:\项目\三\qklbg3.jpg"，鼠标调整大小和位置。单击图片 1，按住 Shift 键，单击图片 2，同时选中这两张图片，右击鼠标，在弹出的快捷菜单中选择"组合"命令组合这两张图片，右击鼠标，在弹出的快捷菜单中选择"置于底层"的"衬于文字下方"命令，将它设置为海报背景。

步骤 17：插入艺术字"浓情巧克力恋恋七夕节"。单击"插入"→"文本"→"艺术字"下拉按钮，选择艺术字样式为第 6 行第 2 列的"填充-橙色，强调文字颜色 6，暖色粗糙棱台"，在文档出现的图文框中输入艺术字内容"浓情巧克力恋恋七夕节"，并在"力"处按 Enter 键分段（见图 3-50）。单击选中艺术字，单击"绘图工具 格式"→"艺术字样式"→"文本效果"下拉按钮，选择"转换"列表中"弯曲"处的双波形 2（见图 3-51）；单击"绘图工具 格式"→"大小"，输入高为 3cm、宽为 8cm；鼠标拖动调整艺术字位置；右击鼠标，在弹出的快捷菜单中选择"叠放次序"为置于顶层。

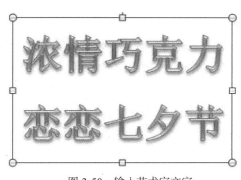

图 3-50　输入艺术字文字 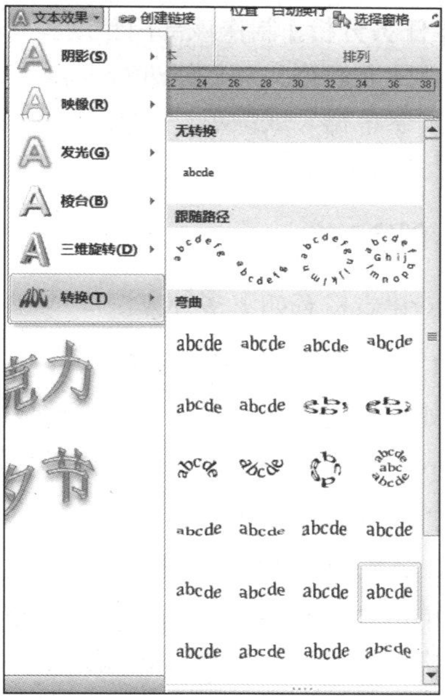　　　　　　　　　图 3-51　艺术字效果

步骤 18：插入公式。单击"插入"→"文本"→"对象"按钮，在列表中选择"对象"，打开"对象"对话框。在"对象"对话框的"新建"选项卡中选择"Microsoft 公式 3.0"，单击"确定"按钮。在公式编辑框中，输入"$爱情 = \dfrac{\dfrac{[(F + Ch + P)]}{2} + \dfrac{3 \bullet (C + 1)}{10}}{(5 - SI) \bullet 2 + 2}$"（见图 3-52），调整位置，叠放次序为衬于文字上方。

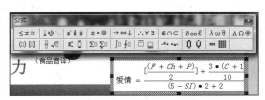

图 3-52　插入公式

步骤 19：保存文档。将文档保存到"E:\项目\三"中。

任务二　业绩表制作

【任务要求】制作某销售部门年度销售额业绩表，最终效果如图 3-53 所示。

季度　项目	2014 年销售额/万元				合计
	第 1 季度	第 2 季度	第 3 季度	第 4 季度	
计算机	230.45	302.27	312.39	330.21	1175.32
网络设备	120.34	134.56	137.43	144.29	536.62
其他	89.21	92.33	93.56	98.43	373.53
小计	440	529.16	543.38	572.93	2085.47

图 3-53　"销售额业绩表"效果

【任务分析】制作该部门年度销售额业绩表，首先梳理数据，然后按照实际要求以行、列形式放置，建立表格，对表格进行编辑、美化、计算、排序等，使文档更有说明力。常见的如年度报表、发票单据、成绩单、个人简历、部门销售报表等。

【知识技能】

一、创建表格

创建表格有如下多种方法。

1. 拖动行列数创建表格

如果创建的表格行列数较少且是规则的表格，则单击"插入"→"表格"→"表格"按钮，在列表中拖动鼠标进行表格行数与列数的设置，完成表格的建立，如图3-54所示（这样可创建最大10列×8行的表格）。

2. 通过对话框创建表格

单击"插入"→"表格"→"表格"按钮▦，在列表中选择"插入表格"命令，在弹出的"插入表格"对话框（如图3-55所示）中设置表格列数和行数。

图 3-54　插入表格

图 3-55　"插入表格"对话框

在创建表格前，要规划表格的列数和行数。如果表格是不规则的，一般先创建规则表格，再利用绘制表格、合并单元格或拆分单元格调整为不规划表格。

3. 绘制表格

对于不规则的表格或表格的局部线段，可以通过绘制实现。单击"插入"→"表格"→"表格"按钮▦，在列表中选择"绘制表格"命令。光标形状变成笔形，可以在编辑区从左拖到右画水平线、从上拖到下画垂直线、从左上角拖到右下角画斜线，如图3-56所示。

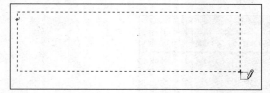

图 3-56　手动绘制表格

4. 文本转换成表格

在 Word 2010 文档中，可以很容易地将文字转换成表格。其中关键的操作是使用分隔符号将文本合理分隔。Word 2010 能够识别常见的分隔符，例如段落标记（用于创建表格行）、制表符和逗号（用于创建表格列）。方法是单击"插入"→"表格"→"表格"按钮▦，在列表中选择"文本转换成表格"命令。

二、移动光标

可以使用键盘上的方向键将插入点快速移动到其他单元格；按 Tab 键可以将插入点由左向右依次切换到下一个单元格；按"Shift + Tab"组合键可以将插入点由右向左切换到前一个单元格。

三、选择表格对象

表格对象包括表格、行、列、单元格。可以用多种方法分别选择这些表格对象。

1. 菜单命令

单击"表格工具 布局"→"表"→"选择"按钮▷，在列表中选择相应表格对象的命令，如图 3-57 所示。

2. 利用鼠标右键

在选中的区域上右击鼠标，在弹出的快捷菜单中"选择"列表中选择相应表格对象命令，如图 3-57 所示。

图 3-57 "选择"表格对象

3. 利用鼠标左键选择表格对象

（1）选择表格中的行：将光标指向需要选择的行的最左端，当鼠标指针变成"⬀"形状时单击鼠标左键即可选择表格的一行。此时，如果按下鼠标左键不放，向上或向下拖动时，可以连续选择表格中的多行。

（2）选择表格中的列：将光标指向需要选择的列的顶部，当鼠标指针变成"↓"形状时单击鼠标左键，即可选择表格的一列。此时，如果按下鼠标左键不放，向右或向左拖动时，可以连续选择表格中的多列。

（3）选择单元格：由行线和列线交叉构成的格式称为单元格，一个表格由多个单元格构成。在选择一个单元格时，需要将光标指向单元格的左下角，当指针变成"➚"形状时，再单击鼠标左键选择相应的单元格。如果按住鼠标左键不放进行拖动，则可以选择表格中的多个连续单元格。

（4）选择整个表格：将光标指向表格范围时，在表格的左上角会出现选择表格标记"⊞"，单击该标记即可选取整个表格。

另外，与选取文本对象一样，在选择表格对象时，按住 Shift 键或 Ctrl 键后再进行选择可以选择多个相邻的对象或不相邻的对象。

四、编辑表格

创建好表格后，将光标放置在表格中，在 Word 2010 的功能区中会出现"表格工具 设计"和"表格工具 布局"选项卡。通过它们可以对表格进行编辑和美化，如图 3-58 和图 3-59 所示。

图 3-58 "表格工具 布局"选项卡

图 3-59 "表格工具 设计"选项卡

1. 插入与删除行、列或表格

在创建表格时，并不能将行和列以及单元格一次创建到位，所以当表格中需要添加数据，而行、列或单元格不够时，就需要添加行、列或单元格；当有多余的行、列或单元格时，则需要将其删除。

（1）插入行、列

如图 3-60 所示，插入行、列有如下方法。

①单击"表格工具 布局"→"行和列"组的按钮。

②在选中的区域上右击鼠标，在弹出的快捷菜单中"插入……"列表中选择命令。

③在表格某行下面插入一行，还可以直接在该行行末按 Enter 键。

图 3-60 插入行、列

（2）删除行、列和表格

①单击"表格工具 布局"→"行和列"→"删除"按钮，在列表中选择合适的删除操作，如图 3-61 所示。

 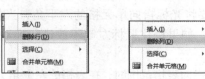 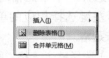

图 3-61 删除行、列和表格

②在选中的区域上右击鼠标，在弹出的快捷菜单中"删除……"列表中选择命令（此命令会随选择的表格对象改变）。

2. 合并和拆分单元格

（1）合并单元格：选择若干行或列方向上相邻的单元格（至少 2 个），单击"表格工具 布局"→"合并"→"合并单元格"按钮▦，将它们合并成一个单元格；或在选区上右击鼠标，在弹出的快捷菜单中选择"合并单元格"命令，如图 3-62 所示。

（2）拆分单元格：选中一个单元格，单击"表格工具 布局"→"合并"→"拆分单元格"按钮▦，或在选区上右击鼠标，在弹出的快捷菜单中选择"拆分"单元格命令，在弹出的"拆分单元格"对话框中设置拆分成的行数和列数，如图 3-63 所示。

图 3-62　合并单元格　　　　　　　　图 3-63　拆分单元格

3. 拆分和合并表格

（1）拆分表格：光标停在表格中将成为第 2 张表格的首行或选中该行，单击"表格工具 布局"→"合并"→"拆分表格"按钮▦，将 1 张表格拆分成上下 2 张表格。

（2）合并表格：在第 1 张表格的最后一行下面增加一个空白行，选中第 2 张表格，拖动到新增的空白行中。

五、表格格式化

1. 表格的自动套用样式

Word 2010 提供了丰富的表格样式库，可以将样式库中的样式快速应用到表格中。

选择要设置样式的表格，单击"表格工具 设计"→"表格样式"→"其他"按钮▾，选择列表中要应用的表格样式即可，如图 3-64 所示。

如果在表格样式库中没有合适的样式，可以单击样式列表中的"修改表格样式"命令，弹出"修改样式"对话框，调整该对话框中的参数可以制作更多精美的表格，还可以单击样式列表中的"新建表样式"命令，自定义表格样式。

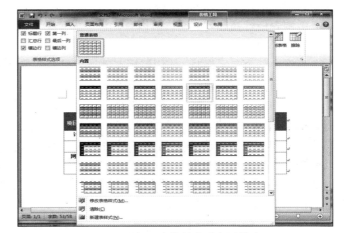

图 3-64　选择"表格的自动套用样式"

2. 对齐方式

（1）单元格对齐方式

单元格中的文字相对于该单元格中的水平、垂直方向上的对齐方式如表 3-3 所示。可通过单击"表格工具 布局"→"对齐方式"组中的相关按钮设置单元格文字的对齐方式。或者右击单元格，在弹出的快捷菜单中选择"单元格对齐方式"中的相应命令。还可以在选中区域上右击鼠标，在弹出的快捷菜单中选择"表格属性"，在打开的"表格属性"对话框中，利用"单元格"选项卡的"垂直对齐方式"区选择设置在单元格垂直方向上的对齐方式。

表 3-3　单元格对齐方式

按钮	说明	按钮	说明
	靠上两端对齐		中部居中
	靠上居中		中部右对齐
	靠上右对齐		靠下两端对齐
	中部两端对齐		靠下居中
	靠下右对齐		

（2）表格对齐方式

整个表格在页面中对齐方式的设置和段落文字对齐方式的设置相同，单击"开始"→"段落"组的各对齐方式按钮即可。

3. 调整表格的行高与列宽

调整表格的行高、列宽的方法有以下几种。

（1）通过鼠标左键拖动来调整行高和列宽

当对行高和列宽的精度要求不高时，可以通过拖动行或列边线，来改变行高或列宽。

鼠标移至行边线处时，指针会变为两条短平等线，并有两个箭头分别指向两侧的形状"≐"，按住鼠标左键，屏幕会出现一条横向的长虚线指示当前行高，按住鼠标左键上下拖动横向的长虚线，即可调整该行的行高。

列宽的调整与行高的调整方法一样，只是指针会变为"╋╫╋"形状，按住鼠标左键左右拖动纵向的长虚线可以调整该列的列宽。

微调表格行高和列宽时，可以在光标变为"≐"或"╋╫╋"形状时，使用鼠标左键拖动的同时按住 Alt 键。

当选中某个单元格时，使用鼠标左键拖动只会调整该单元格的宽度，从而可实现不规则表格。

（2）通过"表格属性"对话框来设置精确的行高和列宽

先选中整个表格，在选定区域上右击鼠标，在弹出的快捷菜单中选择"表格属性…"命令，或者单击"表格工具 布局"→"单元格大小"右下角的"对话框启动器"，还可以单击"表格工具 布局"→"表"→"属性"按钮。在弹出的"表格属性"对话框中进行相应表格对象的格式设置，对话框如图 3-65 所示。

在"行"选项卡中勾选"指定高度"，然后在数值框中调整或直接输入所需的行高值。

如需要设定的每一行为不同的高度，可单击"上一行"或

图 3-65　"表格属性"对话框

"下一行"按钮具体设置每一行的高度，调整完成后单击"确定"按钮。

列宽的调整与行高的调整方法类似。

（3）通过"自动调整"的功能自动调整表格的行高和列宽

先选中整个表格，在选定区域上右击鼠标，在弹出的快捷菜单中选择"自动调整"，或者单击"表格工具 布局"→"单元格大小"→"自动调整"按钮 ，如图 3-66 所示。在"自动调整"列表中有 3 种方式：根据内容调整表格、根据窗口调整表格以及固定列宽，可根据不同的需要，进行相应的选择。

图 3-66　自动调整

（4）使用"插入表格……"命令的方法创建表格时，自动调整默认为"固定列宽"且列宽值为"自动"。调整整个表格大小时，先将光标定在表格中任一单元格内，然后用鼠标左键拖动表格右下角的调整点" "来调整整个表格的大小。

（5）在"表格工具 布局"→"单元格大小"→"宽度"框和"高度"框中微调或输入数值。

4.　平均分布各列和平均分布各行的使用

"平均分布各列"及"平均分布各行"是在选定了相邻多列（两列及以上）或多行的前提下，通过操作使得选定列的列宽相同或选定行的行高相同。

操作方法是：首先改变相邻列最左边或最右边一列的宽度或者相邻行最上边或最下边一行的行高，然后选中相邻多列或多行，在选定区域上右击鼠标，在弹出的快捷菜单中选择相应命令，或者单击"表格工具 布局"→"单元格大小"组中的相应按钮，将选定的所有列宽度或所有行高度设置为相同，如图 3-67 所示。

图 3-67　平均分布各行、平均分布各列

5.　单元格中文字方向的设置

选中要进行文字方向设置的单元格，在选定区域上右击鼠标，在弹出的快捷菜单中选择"文字方向…"命令，在"文字方向-表格单元格"对话框中选中要设置的方向，最后单击"确定"按钮。或者也可以通过单击"表格工具 布局"→"对齐方式"→"文字方向" 按钮来完成。

6.　表格的边框和底纹的设置

表格边框和底纹的设置与段落的边框和底纹的设置类似，区别在于"应用于"选项的不同。在段落中，"应用于"有"文字"和"段落"两种选项；在表格中，"应用于"则有"单元格"和"表格"两种选项。可单击"表格工具 设计"→"表格样式"组中的相应按钮，在列表中选择相应颜色、边框线，或者也可以用"边框和底纹"命令打开"边框和底纹"对话框进行设置。

步骤1：选中整个表格，设置内外边框线。

步骤2：选择局部区域，原来的内边框变成选区的外边框线，设置选区的外边框线。

步骤3：设置选区边框时，还可以在"边框和底纹"对话框的"边框"选项卡中，选择边框样式、颜色、宽度，然后直接在"预览"区中单击相应方位的框线按钮或在"草稿"区相应位置上单击"画"边框。

7. 单元格边距

单元格边距是指 Word 表格单元格中填充内容与单元格边框的距离。用户可单击 Word 表格任意单元格，在"表格工具 布局"选项卡中的"对齐方式"组中单击"单元格边距"按钮，在"表格选项"对话框中分别设置上、下、左、右单元格边距，统一设置表格的边距数值，使 Word 表格中所有的单元格具有相同的边距设置。

8. 表格与文字的环绕方式

为了使表格更好地融入到文字内容中，可以在"表格属性"对话框的"表格"选项卡中，单击"环绕"为表格设置文字环绕方式（见图 3-68）。

单击"表格属性"对话框的"定位"按钮，打开"表格定位"对话框（见图 3-69）。在"水平"区选择"位置"选项以设置表格的水平位置。选择"相对于"的选项"栏"、"页边距"或"页面"以设置表格水平位置相对于 Word 文档的哪个部分。在"垂直"区选择"位置"选项、"相对于"以设置表格垂直位置且相对于 Word 文档的哪个部分。在"距正文"区输入表格在上、下、左、右四个方向与文档文字内容之间的距离。在"选项"区选中"随文字移动"选项，使表格随着文字内容位置的变化而改变位置。

图 3-68 "表格属性"对话框的"表格"选项卡环绕

图 3-69 "表格定位"对话框

六、公式计算

应用 Word 提供的表格计算功能可以对表格中的数据执行一些简单的运算，如求和、求平均值和求最大值等，方便、快捷地得到计算结果。具体有如下方法。

1. 利用函数运算

函数格式为：=函数名（计算范围），例如：=SUM（C2:C6），其中 SUM 是求和的函数名，C2:C6 为求和的计算范围。

运算中使用的函数名，可以在"粘贴函数"下拉列表中选择或人工输入。

常用函数有 SUM 求和、AVERAGE 求平均值、MAX 求最大值、MIN 求最小值。

步骤 1：单击表格中需要计算的结果单元格。

步骤 2：单击"表格工具 布局"→"数据"→"公式"按钮，选择"粘贴函数"类型，修改公式括号中的方向（见图 3-70）。

步骤 3：单击"确定"按钮。

2. 利用公式运算

公式格式为：=单元格编号 运算符 单元格编号。例如：=C2 + C3 + C4 + C5 + C6。

步骤 1：单击表格中需要计算的结果单元格。

步骤 2：单击"表格工具 布局"→"数据"→"公式"按钮 f_x，单击"确定"按钮。

步骤 3：单击结果，右击鼠标，在弹出的快捷菜单（见图 3-71）中选择"切换域代码"，在 = 的右边输入计算公式。

图 3-70 "公式"对话框

图 3-71 "公式"快捷菜单

步骤 4：单击公式，右击鼠标，在弹出的快捷菜单中选择"更新域"。

参加计算的单元格，可以用范围方向或单元格名称表示。

（1）单元格名称：表格的行以 1、2……表示，表格的列以 A、B……表示，则单元格名称为 A1、B1、……、A2、B2、……，如图 3-72 所示。

	A	B	C	D	E	F
1	季度	2014年销售额/万元				合计
2	项目	第1季度	第2季度	第3季度	第4季度	
3	计算机	230.45	302.27	312.39	330.21	
4	网络设备	120.34	134.56	137.43	144.29	
5	其他	89.21	92.33	93.56	98.43	
6	小计					

图 3-72 单元格名称

（2）单元格范围方向：above、below、left、right。

（3）单元格范围：用引用符号连接单元格名称来表示范围，引用符号有逗号、冒号。连续范围则表示为"范围左上角单元格名称：范围右下角单元格名称"（用冒号隔开），如 A1:A5、B3:B5、A1:B5；不连续范围则表示为"单元格名称,单元格名称……"（用逗号隔开），如 A1,B4,C5。

公式可以被复制，但是对于粘贴公式的单元格，需要修改参加计算的单元格范围或名称，并选取"更新域"来更新结果。

七、排序

在 Word 2010 中，可以按照递增或递减的顺序把表格中的内容按照笔画、数字、拼音或日期等数据类型进行排序。由于对表格的排序可以使表格发生巨大的变化，所以排序之前最好保存文档。对重要的文本则应考虑用备份进行排序。

1. 关键字

一般是指某一列数据，该列数据按照一定规则排序，并重新组织各行在表格中的次序。在 Word 中可以设置主要关键字、次要关键字和第三关键字。

排序时，若所选数据行的主要关键字值均不相同，就按照该指定关键字的类型、排序顺序进行排序，其余关键字不起作用；若主要关键字值相同，则相同的部分会按照次要关键字的指定顺序进行排序；若主要和次要关键字值全部相同，相同部分才会按照第三关键字的指定顺序进行排序。

关键字类型有笔划、数字、日期、拼音。

2. 标题行

标题行一般不参加排序，所以如果选择排序范围时包含了标题行，则单击"有标题行"单选按钮，主要关键字呈现为标题行中的文字内容，标题行不参加排序；如果没有选取标题行，则单击"无标题行"单选按钮，主要关键字呈现为列 1、列 2……形式。

步骤 1：选中参加排序的表格范围（有合并单元格的行或列不能参加排序）。

步骤 2：单击"表格工具 布局"→"数据"→"排序"按钮，在"排序"对话框（见图 3-73）中选择"列表"是否有标题行；下拉选择"关键字"，选择"类型"，选择升序或降序。

步骤 3：单击"确定"按钮。

【任务实施】

制作销售业绩表的步骤如下。

1. 创建表格

步骤 1：单击"插入"→"表格"→"表格"按钮，在列表中选择"插入表格"命令。

步骤 2：在弹出的"插入表格"对话框中设置表格行数和列数，这里根据需要选择 5 列、5 行，如图 3-74 所示。

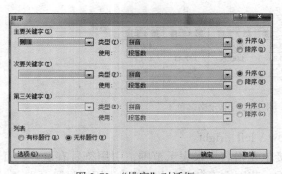

图 3-73　"排序"对话框　　　　　　图 3-74　"插入表格"对话框

步骤 3：单击"确定"按钮在文档中插入一个 5 列 × 5 行的表格。

步骤 4：或者单击表格第 1 行第 1 列。

步骤 5：单击"表格工具 设计"→"绘图边框"→"绘制表格"按钮，切换到绘制表格状态，光标变成笔形，从单元格的左上角拖到右下角，则绘制出单元格的斜线，如图 3-75 所示。在"插入"→"表格"→"表格" ▦ 的列表或"表格工具 设计"→"表格样式"→"边框与底纹"按钮 ⊞· 列表中也有"绘制表格"命令。

步骤 6：单击表格第 1 行第 1 列。

步骤 7：单击"表格工具 设计"→"表格样式"→"边框与底纹"按钮 ⊞·，在列表中选择"斜下框线"命令。

2. 在表格中输入内容

使用键盘上的方向键，依次将插入点移动到相应的单元格中，输入内容，如图 3-76 所示。

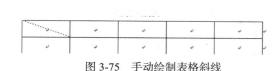

图 3-75 手动绘制表格斜线

季度\项目	2014 年销售额/万元			
	第 1 季度	第 2 季度	第 3 季度	第 4 季度
计算机	230.45	302.27	312.39	330.21
网络设备	120.34	134.56	137.43	144.29
其他	89.21	92.33	93.56	98.43

图 3-76 表格输入内容

3. 编辑表格

步骤 1：选中第 1～第 2 行的第 1 列，单击"表格工具 布局"→"合并"→"合并单元格"按钮 ▦合并单元格（见图 3-77）。

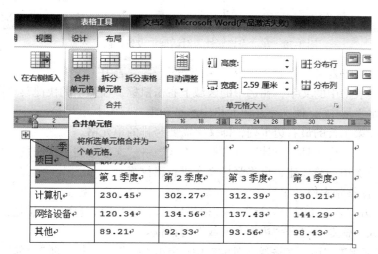

图 3-77 合并单元格

步骤 2：选中第 1 行的第 2～第 5 列，在选中的区域上右击鼠标，在弹出的快捷菜单中选择"合并单元格"。

步骤 3：选中第 5 列，单击"表格工具 布局"→"行和列"→"在右侧插入"按钮 ▦，在表格最右边插入 1 列，并在第 1 行第 5 列的格中输入"合计"。

步骤 4：单击第 5 行的行末回车符处，按 Enter 键，在表格最下面插入 1 行，并在第 6 行第 1 列的格中输入"小计"。

步骤 5：选中第 1～第 2 行的第 6 列，在选中的区域上右击鼠标，在弹出的快捷菜单中选择"合并单元格"。

4. 表格格式化

步骤 1：选中表格的所有行。

步骤 2：在选中的区域上右击鼠标，在弹出的快捷菜单中选择"表格属性"命令，打开"表格属性"对话框。

步骤 3：在弹出的"表格属性"对话框中，单击"行"选项卡，勾选"指定高度"复选框，并输入行高值为 1。

步骤 4：选中表格的所有列。

步骤 5：在"表格属性"对话框中，单击"列"选项卡，勾选"指定宽度"复选框，并输入列宽值为 2.5，如图 3-78 所示。

图 3-78　在"表格属性"对话框中设置行高、列宽

步骤 6：选择整张表格，单击"开始"→"段落"→"居中"按钮 ≡。

步骤 7：选择表格中的文字，在选中的区域上右击鼠标，在弹出的快捷菜单中选择"单元格对齐方式"的"水平居中"，使文字在单元格中水平和垂直都居中。

步骤 8：选择第 1 行的最右边 1 列，即文字需要竖排的单元格。

步骤 9：单击"表格工具　设计"→"对齐方式"→"文字方向"按钮 ，可将单元格中的文字竖排显示。再次单击该按钮，可将竖排文字进行横排显示。

步骤 10：选择整张表格。

步骤 11：单击"表格工具　设计"→"表格样式"→"边框与底纹"按钮 边框·，在列表中单击"边框和底纹"命令，打开"边框和底纹"对话框。

步骤 12：在弹出的"边框和底纹"对话框中，单击"设置"列表中的"全部"按钮，并在"样式"列表中将边框线型的样式、颜色和宽度分别设置为"单实线、绿色、1 磅"，如图 3-79 所示，单击"确定"按钮。

步骤 13：选中"计算机"行，重复步骤 11。

步骤 14：在弹出的"边框和底纹"对话框中，单击"设置"列表中的"自定义"按钮，并在"样式"列表中设置上边框线型的样式、颜色和宽度为"双实线、黑色、0.5 磅"，如图 3-80 所示，单击"确定"按钮。

步骤 15：重复步骤 10 和步骤 11。

步骤 16：在弹出的"边框和底纹"对话框中，切换到"底纹"选项卡。在"填充"列表中选择"橙色，强调文字颜色 6，淡色 80%"，"图案"的"样式"列表中选择 10%。单击"确定"按钮，如图 3-81 所示。

图 3-79　设置整张表格边框　　　　　　　　　　图 3-80　设置表格局部边框

5. 公式计算

步骤 1：单击"小计"行中的第 1 列，放置公式求和的计算结果。

步骤 2：单击"表格工具 布局"→"数据"→"公式"按钮 fx。

步骤 3：在弹出的"公式"对话框中，在"粘贴函数"列表中选择要使用的函数名称 Sum，在"公式"框中修改参加计算的单元格范围方向为 Above，单击"确定"按钮，如图 3-82 所示。

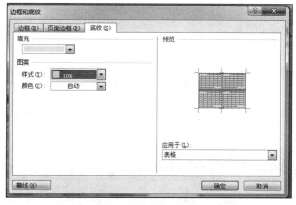

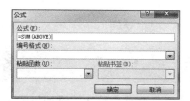

图 3-81　设置表格底纹的颜色、图案　　　　　图 3-82　"公式"对话框

步骤 4：选中步骤 3 中的结果单元格，在选中的区域上右击鼠标，在弹出的快捷菜单中选择"复制"命令。

步骤 5：选中"小计"行中运算函数或公式和步骤 3 相同的单元格，在选中的区域上右击鼠标，在弹出的快捷菜单中选择"粘贴"命令。

步骤 6：单击或选中步骤 5 中的粘贴公式的单元格，即"小计"行的第 2 列，在选中的区域上右击鼠标，在弹出的快捷菜单中选择"更新域"命令来更新该单元格的运算结果。

步骤 7：依次单击或选中"小计"行的第 3 列、第 4 列、第 5 列、第 6 列，重复步骤 6 的操作。

步骤 8：选中"合计"列的第 2 列，放置"公式"求和的计算结果。

步骤 9：重复步骤 2。在弹出的"公式"对话框中，在"粘贴函数"列表中选择要使用的函数名称 sum，在"公式"框中修改参加计算的单元格范围方向为 left，单击"确定"按钮。

步骤 10：选中步骤 9 中的结果单元格，在选中的区域上右击鼠标，在弹出的快捷菜单中选择"复制"命令。

步骤 11：选中"合计"列中运算函数或公式与步骤 9 相同的单元格，在选中的区域上右击鼠标，在弹出的快捷菜单中选择"粘贴"命令。

步骤12：依次单击或选中"合计"列中粘贴公式的单元格，右击鼠标，在弹出的快捷菜单中选择"更新域"命令（见图3-83）来更新该单元格的运算结果。

6. 排序

需要对"业绩表"中的"计算机""其他""网络设备"三行按"合计"列值从高到低排序。

步骤1：选中"计算机""其他""网络设备"三行。

步骤2：单击"表格工具 布局"→"数据"→"排序"按钮 ，打开"排序"对话框。

步骤3：在弹出的"排序"对话框中，下拉选择"主要关键字"为列6（合计列），"类型"为数字，分别单击单选按钮"降序"和"无标题行"。

步骤4：单击"确定"按钮，如图3-84所示。

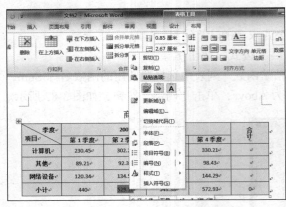

图 3-83 更新域

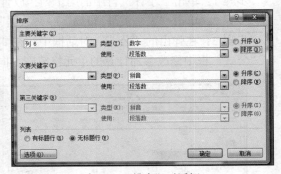

图 3-84 "排序"对话框

7. 保存文档

任务三 文章编排与打印

【任务要求】给文章添加目录，并设置页眉、页脚，注解有关词语，并进行页面设置与打印。

【任务分析】为满足某些编排要求，如对书籍、杂志、论文、报告等长篇文档，用户完成图文混排后，应列出文章目录，在每页页眉页脚位置标出文章标题、页码等，同时对文章中有关词语注明来源或释义，并且进行页面设置与打印。

【知识技能】

一、脚注和尾注

脚注和尾注用于文档和书籍中以显示所引用资料的来源或说明性及补充性的信息。脚注和尾注都是用一条短横线与正文分开的。

脚注和尾注的区别主要是位置不同，脚注位于当前页面的底部；尾注位于整篇文档的结尾处。

要删除脚注或尾注，可在文档中选中脚注或尾注的引用标记，然后按Delete键。这个操作除了删除引用标记外，还会将页面底部或文档结尾处的文本删除，同时会自动对剩余的脚注或尾注进行重新编号。

步骤1：光标定位在要补充信息的文字右边。

步骤2：单击"引用"→"脚注"→"插入脚注"按钮 或"插入尾注"按钮 插入尾注。

步骤 3：在文章的当前页面底部出现的脚注符号右边，输入脚注内容；或者在整篇文章结尾出现的尾注符号右边，输入尾注内容。

步骤 4：如果想改变脚注或尾注符号，则右击脚注或尾注区域，在弹出的快捷菜单中选择"便笺选项"，打开"脚注和尾注"对话框（见图 3-85）进行设置。

图 3-85 "脚注和尾注"对话框

二、题注

如果文档中含有大量图片，为了能更好地管理这些图片，可以为图片添加题注。添加了题注的图片会获得一个编号，并且在删除或添加图片时，所有的图片编号会自动改变，以保持编号的连续性。

步骤 1：右击需要添加题注的图片，在打开的快捷菜单中选择"插入题注"命令。或者单击选中图片，单击"引用"→"题注"→"插入题注"按钮 📑。

步骤 2：在打开的"题注"对话框中单击"编号"按钮，单击"格式"下拉按钮，在打开的格式列表中选择合适的编号格式。如果希望在题注中包含文档章节号，则需要选中"包含章节号"复选框。单击"确定"按钮。

步骤 3：回到"题注"对话框，在"标签"下拉列表中选择"Figure"（图表）标签。如果希望在文档中使用自定义的标签，则可以单击"新建标签"按钮，在打开的"新建标签"对话框中创建自定义标签（例如"图"），并在"标签"列表中选择自定义的标签。如果不希望在图片题注中显示标签，可以选中"题注中不包含标签"复选框。单击"位置"下拉三角按钮选择题注的位置（例如"所选项目下方"），单击"确定"按钮（见图 3-86）。

图 3-86 插入"题注"

步骤 4：在文档中添加图片题注后，单击题注右边部分的文字进入编辑状态，并输入图片的描述性内容。

三、页眉和页脚

页眉和页脚通常包括文章的标题、文档名、作者名、章节名、页码、编辑日期、时间、图片以及其他一些域等多种信息。

（1）页眉：显示在页面顶端上页边区的信息。

（2）页脚：显示在页面底端下页边区中的注释性文字或图片信息。

步骤 1：单击"插入"→"页眉和页脚"→"页眉"下拉按钮 📑，在列表中选择页眉样式（见图 3-87），功能区出现"页眉和页脚工具 设计"选项卡（见图 3-88）。

步骤 2：在页眉区域输入页眉内容。如果想设置奇偶页不同的页眉页脚内容，则勾选"页眉和页脚工具 设计"→"选项"→"☑ 奇偶页不同"复选框，并在奇页页眉区域输入奇页页眉内容，在偶页页眉区域输入偶页页眉内容。

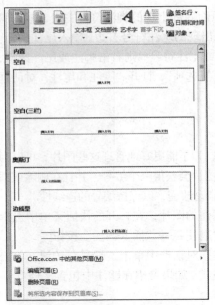

图 3-87 "页眉"样式

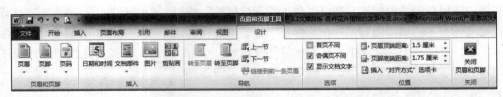

图 3-88 "页眉和页脚工具 设计"选项卡

步骤 3：单击"页眉和页脚工具 设计"→"导航"→"转至页脚"按钮 ，切换到页脚区域输入页脚内容。

步骤 4：对页眉页脚区域的内容进行格式化。如果想插入页码、图片等，可单击"页眉和页脚工具 设计"→"插入"组各按钮和"页眉页脚"组的"页码"按钮 。

步骤 5：单击"页眉和页脚工具 设计"→"关闭"→"关闭页眉页脚"按钮 ，退出页眉页脚区域。

四、生成文章目录

在写论文、做报告、工作总结、制作书籍时，往往需要制作目录。通过使用 Word 2010 自动生成目录，可以制作出条理清晰的目录，并且目录中的页码随文档具体内容位置的改变而自动改变。

在 Word 2010 中，制作目录的类型有手动目录（目录中的页码不会随着文档特定格式内容的位置改变而自动更新，适用于小型文档）和自动目录（目录中的页码会随着文档特定格式内容的位置改变而自动更新，适用于大型文档）。

1. 分节符

分节符是指为表示节的结尾而插入的标记。分节符包含节的格式设置元素，如页边距、页面的方向、页眉和页脚，以及页码的顺序。分节符起着分隔其前面文本格式的作用，如果删除了某个分节符，它前面的文字会合并到后面的节中，并且采用后者的格式设置。可以使用分节符改变文档中一个或多个页面的版式或格式。例如，可以将单列页面的一部分设置为双列页面。可以分隔文档中的各章，以便每一章的页码编号都从 1 开始。也可以为文档的某节创建不同的页眉或页脚。

通常情况下，分节符只能在 Word 的"普通"视图下看到。在"普通"视图中，双虚线代表一个分节符。如果想在页面视图或大纲视图中显示分节符，只需选中"常用"工具栏中的"显示/隐藏编辑标记"即可。

（1）分节符的类型有"下一页"、"连续"、"奇数页"和"偶数页"。

● "下一页"：插入一个分节符，新节从下一页开始。分节符中的下一页与分页符的区别在于，前者分页又分节，而后者仅仅起到分页的效果。

● "连续"：插入一个分节符，新节从同一页开始。

● "奇数页"/"偶数页"：插入一个分节符，新节从下一个奇数页或偶数页开始。

图 3-89 分节符

（2）插入分节符

步骤 1：将光标定位到准备插入分节符的位置。单击"页面布局"→"页面设置"→"分隔符"下拉按钮 分隔符▾ 。

步骤 2：在打开的分隔符列表中，选择合适的分节符即可（见图 3-89）。

2. 样式

样式是指用名称保存对文档内容设置的字符格式和段落格式的集合。可以在需要相同格式集合的地方套用相应样式，不必重复格式化操作，从而快速修改文档的字符、段落格式。

（1）应用样式

选中文字或段落，单击"开始"→"样式"→"其他"按钮 ▾ ，在"样式"列表（见图 3-90）中选择样式名。

（2）修改样式

单击"开始"→"样式"→"其他"按钮 ▾ ，在"样式"列表中选择"应用样式"，在打开的"应用样式"对话框（见图 3-91）中单击"修改"按钮，然后在"修改样式"对话框（见图 3-92）中，下拉选择要修改的样式"名称"，修改格式。

图 3-90 "样式"列表

图 3-91 "应用样式"对话框

（3）新建样式

单击"开始"→"样式"→"其他" ▾ 按钮，在"样式"列表中选择"应用样式"，在打开的"应用样式"对话框中单击"样式"按钮，在"样式"对话框（见图 3-93）中单击"新建样式"按钮。然后在"根据格式设置创建新样式"对话框中，输入新样式"名称"，设置格式。"根据格式设置创建新样式"对话框类似"修改样式"对话框。

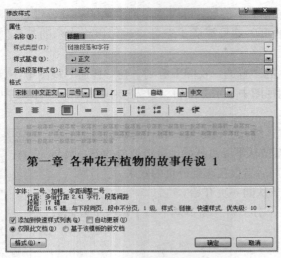

图 3-92 "修改样式"对话框　　　　　　图 3-93 "样式"对话框

3. 制作目录

制作目录需要对文档的某些文字进行特定格式化，从而使它们对应生成目录文字内容。一般采用应用样式的方法。

步骤 1：选中成为章（一级）的内容，单击"开始"→"样式"→"标题 1"。

步骤 2：选中成为节（二级）的内容，单击"开始"→"样式"→"标题 2"。

步骤 3：选中成为点（三级）的内容，单击"开始"→"样式"→"标题 3"。

步骤 4：单击文章首字处，单击"引用"→"目录"→"目录"下拉按钮，在列表中选择目录类型（见图 3-94）。文章最前面自动生成目录。

步骤 5：如果文章页码有修改，则单击目录区域，单击上方出现的"更新目录"按钮，选择"更新整个目录"或"只更新页码"。

如果生成的目录有多级（超过 3 级），可以单击"引用"→"目录"→"目录"下拉按钮，在列表中选择"插入目录"，打开"目录"对话框（见图 3-95）定义显示级别。

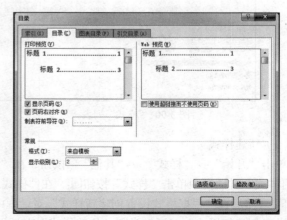

图 3-94 "目录"列表　　　　　　图 3-95 插入目录

五、页面设置

包括设置文档的纸张大小、纸张方向和页边距等。

（1）页边距：是指正文与页面四周边缘的距离，分为上、下、左、右页边距。在页边距中也能插入文字和图片，如页眉、页脚等。

（2）纸张大小：首先要确定打印纸张的大小，常用的、系统中已预置的纸张大小有 A3、A4、B5、16 开、32 开等，默认设置为"A4"，如果需要预置的纸张大小可以直接在"纸张大小"的列表中选择。如果没有合适的，还可以自定义纸张的大小。

（3）打印选项：单击"打印选项"按钮，通过"打印"对话框可以进行详细的打印设置。

步骤 1：单击"页面布局"→"页面设置"组各按钮（见图 3-96）设置页边距、纸张方向、纸张大小。

步骤 2：如果要自定义页边距，则单击"页面布局"→"页面设置"→"页边距"下拉按钮 ，在列表中选择"自定义页边距"，打开"页面设置"对话框进行设置。

步骤 3：如果要自定义纸张大小，则单击"页面布局"→"页面设置"→"纸张大小"下拉按钮 ，在列表中选择"其他页面大小"，在打开的"页面设置"对话框（见图 3-97）中进行设置。

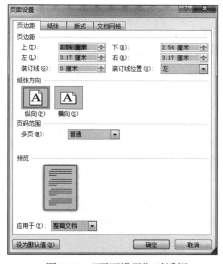

图 3-96 "页面设置"组按钮　　　　图 3-97 "页面设置"对话框

六、打印文档

制作好文档后，在"文件"选项卡中选择"打印"选项，然后进行一些简单的设置后即可将文档打印出来。

对文档进行打印设置后可以通过"打印预览"来预先查看文档的打印效果。通过预览，可以从总体上检查版面是否符合要求。如果不够理想，可以返回重新编辑调整，直到满意方才正式打印，避免重复打印浪费纸张。

方法是在"文件"选项卡中选择"打印"选项（见图 3-98），在屏幕的右侧就会出现文档打印的预览效果。

图 3-98　打印

【任务实施】

文章编排的步骤如下。

1. 打开文档"E:\项目\三\各种花卉植物的故事传说.docx"

2. 插入脚注和尾注

步骤 1：光标定位在文章中"春花秋月何时了，往事知多少"的"少"字右边，单击"引用"→"脚注"→"插入脚注"按钮，在文章的当前页面底部出现的脚注符号右边，输入脚注内容"出自南唐后主李煜的《虞美人》。"。

步骤 2：光标定位在文章中"力拔山兮气盖世，时不利兮骓不逝，骓不逝兮其奈何，虞兮虞兮奈若何"的"何"字右边，单击"引用"→"脚注"→"插入脚注"按钮，在文章的当前页面底部出现的脚注符号右边，输入脚注内容"出自项羽《垓下歌》。"。

3. 插入图片题注

步骤 1：单击文章中的第一张图片，单击"引用"→"题注"→"插入题注"按钮，单击"新建标签"按钮，在打开的"新建标签"对话框中创建自定义标签"图 1-"，并在"标签"列表中选择自定义的标签，单击"确定"按钮。

步骤 2：单击题注右边部分的文字进入编辑状态，并输入图片的描述性内容为"虞美人"。

步骤 3：重复步骤 1 和步骤 2，给文章中的第二张图片插入题注，图片的描述性内容为"桔梗花"。

4. 插入页眉页脚

步骤 1：单击"插入"→"页眉和页脚"→"页眉"下拉按钮，在列表中选择页眉类型"空白"。

步骤 2：勾选"页眉和页脚工具 设计"→"选项"→"☑奇偶页不同"复选框，使奇偶页具有不同的页眉页脚内容。在奇页页眉区域输入"各种花卉植物的故事传说"，在偶页页眉区域输入"简介·花语·传说"。

步骤 3：单击"页眉和页脚工具　设计"→"导航"→"转至页脚"按钮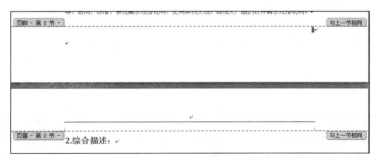，切换到页脚区域输入页脚内容"第页"，并将光标定位在两个字中间，单击"页眉和页脚工具　设计"→"页眉和页脚"→"页码"下拉按钮，在列表中选择"当前位置普通数字"，插入页码，并且设置奇页的页脚居中对齐，偶页的页脚右对齐。

步骤 4：单击"页眉和页脚工具　设计"→"关闭"→"关闭页眉和页脚"。

5. 应用快速样式

步骤 1：给文档的"章"级（第一级目录）文字应用样式"标题 1"。在文档中选中"第一章"，单击"开始"→"样式"→"快速样式"中的"标题 1"选项。

步骤 2：给文档的"节"级（第二级目录）文字应用样式"标题 2"。选中文档中的"第一节……"，单击"开始"→"样式"→"快速样式"中的"标题 2"选项，并用格式刷记录。用格式刷设置"第二节……"的格式。

步骤 3：给文档的"点"级（第三级目录）文字应用样式"标题 3"。选中文档中的"1.【简介】"，单击"开始"→"样式"→"快速样式"中的"标题 3"选项，并用格式刷记录。用格式刷设置文档中"1.【简介】""2.【花语】""3.【传说】"的格式。

6. 制作目录

步骤 1：单击文章最开始处。

步骤 2：单击"引用"→"目录"→"目录"下拉按钮，在列表中选择目录类型"自动目录1"。在文章的最前面自动生成了目录。

7. 设置目录页没有页码，文档页码从 1 开始

步骤 1：单击文档开始页的开始处，单击"页面布局"→"页面设置"→"分隔符"下拉按钮，选择"下一页"分节符。

步骤 2：双击页脚，进入页脚编辑区。选中文档开始页的页脚，单击"页眉和页脚工具　设计"→"导航"→"链接到前一条页眉"按钮，该按钮变灰色，页眉区的"与上一节相同"（见图 3-99）为灰色，使得第一节和第二节允许不同的页眉和页脚内容。

步骤 3：选中文档开始页的页脚，单击"页眉和页脚工具　设计"→"页眉和页脚"→"页码"下拉按钮，选择"页码格式"，弹出"页码格式"对话框。在弹出的"页码格式"对话框中，选择"起始页码"，并设置为 1，如图 3-100 所示。

图 3-99　插入分节符，页眉页脚"与上一节相同"

图 3-100　"页码格式"对话框

步骤 4：选中目录页中的页脚内容并删除。

步骤 5：单击"页眉和页脚工具　设计"→"关闭"→"关闭页眉和页脚"按钮。

步骤 6：单击目录区域，单击上方出现的"更新目录"按钮，选择"更新整个目录"

（见图 3-101）。或者右击目录区域，在弹出快捷菜单中选择"更新域"命令。

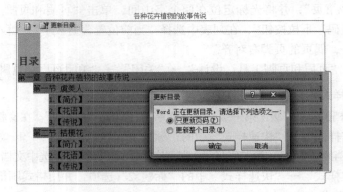

图 3-101　更新目录及目录效果

8. 保存文档

任务四　批量通知制作

【任务要求】按相同版面制作一系列分发给不同对象的通知单。其中一张通知的最终效果如图 3-102 所示。

缴 费 通 知

李志伟同志，您好：

　　您的电话 **6830122** 现已欠费 **3** 个月，欠费金额 **312.56** 元，望您在 **8** 月 **1** 日前及时到通讯公司营业厅缴纳话费，否则做拆机处理。

谢谢合作！

路路顺通讯公司

28/7/2015

图 3-102　"通知"效果

【任务分析】需要制作的通知在版式上相同，内容组成上大致相同，分为不变部分和可变部分，且可变部分所在位置、含义相同。用户将可变部分内容提出、整理成表状数据源，将不变部分创建一个主文档，利用邮件合并功能，在主文档中插入可变内容，从而实现通知的批量制作。

【知识技能】

一、邮件合并

"邮件合并"这个名称最初是在批量处理"邮件文档"时提出的。具体地说，就是在邮件文档（主文档）的固定内容中，合并与发送信息相关的一组通信资料（数据源，如 Word 表、Excel 表、Access 数据表等），从而批量生成具有相同格式（版式，如未填写的信封）但内容（如邮编、收件人、发件人等）不同的邮件文档，如批量生成信封、奖状、通知、贺卡等，还可批量制作标签、工资条、成绩单等。

1. 主文档

统一的版面版式包括所有文档（副本）共有的内容（如未填写的信封等）。可以是已存在的文档或模板，或者是正打开的当前活动文档（常用类型）。

主文档类型包括信函、电子邮件、信封、标签、目录。分别对应不同的文档版面。

2. 收件人

即地址列表、数据源。是一个文件，该文件包含要合并到文档中的变化信息（填写的收件人、发件人、邮编等），可以用 Word、Excel、Access 等保存。可以是已创建好的现有列表，也可以新建，还可以从 Outlook 联系人中选择。

一般地，用于收件人的数据源中列标题行要存在，否则数据源导入时会出现字母数字（如 A1）组成的列名。另外，在制作数据源表格时，不能在表格外添加其他文字。

3. 收件人列表

即项列表。表格中的每列标题形成的列表。

4. 邮件合并域

在主文档中插入的占位符。把数据源看成表格，则其中的每一列对应一类信息，在邮件合并中称为合并域，如职工表中的行标题（部门号、职工名称、工作岗位等）；在执行邮件合并时，邮件合并域内将填入地址列表中的信息，即其中的每一行对应合并文档某副本中需要修改的信息，如职工表中某一职工的部门号、职工名称、工作岗位等信息。

完成合并后，该信息被映射到主文档对应的域名处。在主文档中显示为<<姓名>>，完成合并后，通过域读取数据源，映射填写实际对应的数据。

5. 合并到新文档

是邮件合并主文档与地址列表合并后得到的结果文档。即不管采用哪种文档类型，数据源中的每行（或记录）都产生一个独特的套用信函、邮件、标签、信封或目录项。

二、Word 制作邮件合并文档的操作

邮件合并的基本过程主要包括 6 个步骤，使用"邮件合并"选项卡（见图 3-103）实现。

图 3-103 "邮件合并"选项卡

步骤 1：制作数据源。利用 Word 或者 Excel 等软件制作邮件合并所需的数据源。

步骤 2：创建主文档。单击"邮件"→"开始邮件合并"→"开始邮件合并"按钮 ，选择主文档类型，建立主文档文件。

步骤 3：建立主文档和数据源的连接。单击"邮件"→"开始邮件合并"→"选择收件人"按钮 ，选择准备好的数据源文件。

步骤 4：在主文档中插入合并域。单击"邮件"→"编写和插入域"→"插入合并域"按钮 ，插入数据源中的字段在主文档中的相应位置。

步骤 5：预览邮件合并效果。单击"邮件"→"预览结果"→"预览结果"按钮 ，对插入域后的主文档进行预览，根据预览情况可适当修改文档效果。

步骤 6：完成合并。单击"邮件"→"完成"→"完成并合并"按钮，将选定的数据源中的

记录合并到主文档中，生成邮件合并文档。

这几个步骤也可以通过单击"邮件"→"开始邮件合并"→"开始邮件合并"按钮，选择"邮件合并分步向导"来逐步操作完成。

【任务实施】

1. 制作数据源

步骤1：启动 Word 2010 程序，新建一个空白文档。

步骤2：在文档中制作如表3-4所示的表格。

表3-4 数据源

姓名	电话号码	欠费月数	欠费金额
李志伟	6830122	3	312.56
杨成	6827185	5	368.78
刘达	6938456	4	425.23
董军	6741523	6	480
陈连	6630206	8	512.52

步骤3：保存数据源文档并关闭。

2. 创建主文档

步骤1：启动 Word 2010 程序，新建一个空白文档。

步骤2：在文档中制作如下方框中的内容。

缴 费 通 知

同志，您好：

您的电话现已欠费个月，欠费金额元，望您在8月1日前及时到通信公司营业厅缴纳话费，否则做拆机处理。

谢谢合作！

路路顺通信公司

28/7/2015

步骤3：单击"邮件"→"开始邮件合并"→"开始邮件合并"按钮，选择主文档类型"目录"，建立主文档文件。

3. 建立主文档和数据源的连接

步骤1：单击"邮件"→"开始邮件合并"→"选择收件人"按钮，从打开的下拉菜单中选择"使用现有列表"命令，在"选取数据源"窗口中选择数据源文件。

步骤2：单击"打开"按钮。如果进行邮件合并时，只需要部分数据，可单击"邮件"→"开始邮件合并"→"编辑收件人列表"按钮，在打开的"邮件合并收件人"对话框（见图3-104）中，对收件人进行筛选或排序等操作。

4. 插入合并域

步骤1：将光标定位于"同志，"左边，单击"邮件"→"编写和插入域"→"插入合并域"按钮，打开如图3-105所示的"插入合并域"对话框，或者单击"邮件"→"编写和插入域"→"插入合并域"下拉按钮，打开合并域列表。

步骤2：在"插入合并域"对话框的"域"列表或"插入合并域"下拉列表（见图3-106）中选择与标签区域中对应的域名称"姓名"，单击"插入"按钮，将"姓名"域插入标签区域中。

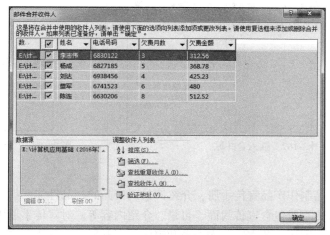

图3-104 "邮件合并收件人"对话框

图3-105 "插入合并域"对话框

图3-106 合并域的下拉列表

步骤3：重复步骤1～步骤2，分别将"电话号码"、"欠费月数"和"欠费金额"域插入到主文档中的相应位置，如图3-107所示。

步骤4：按图3-101所示格式化文档。将"缴费通知"和合并域文字选中，加粗；设置"缴费通知"居中对齐；设置"路路顺通讯公司"和日期右对齐。在通知最下面输入一行空格，并选中这些空格，为它们添加虚下画线。

5. 预览合并效果

步骤1：单击"邮件"→"预览结果"→"预览结果"按钮 🔍，可以看到通知中域名称已变成了数据源中的信息。

步骤2：单击"预览结果"中的记录浏览按钮 |◀ ◀ 1 ▶ ▶|，可预览其他通知的效果。

6. 完成合并

步骤1：单击"邮件"→"完成"→"完成并合并"按钮 🗎，选择"编辑单个文档"命令，打开如图3-108所示的"合并到新文档"对话框。

步骤2：选择"全部"选项后，单击"确定"按钮，生成新文档"目录1"。

步骤3：保存合并后生成的新文档"目录1"到"E:\项目\三"中。

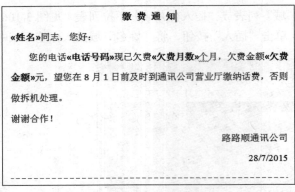

图 3-107　插入合并域

图 3-108　"合并到新文档"对话框

【综合练习】

为某一款数码产品制作产品宣传手册，介绍该数码产品的产品性能、特点、优势和使用、注意事项等。要求该宣传手册包含宣传封面、目录、介绍内容等。对宣传手册中的文字、段落进行格式化，并借助图片、图形、艺术字、文本框和表格等多种形式来修饰、丰富宣传手册效果，对该宣传手册进行版面设置，介绍内容所在页面使用页眉显示产品宣传语、使用页脚显示页码，并使用脚注或尾注来标明文章中引用部分的出处。

【实用技巧】

1．单击"视图"→"窗口"→"拆分"按钮 ，可以分屏，不需滚动屏幕实现同一份文档上下对照。

2．利用 Word 2010 中的拼音指南功能，可以快速拼出不认识的文字的读音。

3．单击"审阅"→"语言"→"翻译"按钮 ，可以实现所选词语翻译，还可以全文翻译。

4．单击"审阅"→"更改"→"比较"按钮 ，可以快速比较选定的修改前后的文档。

5．插入页眉时，页眉区会自动出现一条横线。当页眉区中无内容且需要这条横线消失时，双击进入页眉编辑状态，用"Ctrl＋A"快捷键全选页眉区，单击"开始"→"字体"→"清除格式"按钮 ，清除格式，则页眉区的横线消失。

6．当选中文字的字号设置为四号或字体设置为微软雅黑时，行距往往加大。单击"开始"→"段落"→"对话框启动器" ，在"段落"对话框的"缩进和间距"选项卡的"缩进"处，取消勾选"如果定义了文档网格，则对齐到网格"，可以使文字保持原有行距。

7．一般情况下，对于同一个形状，每插入一次都要重复点击一次插入形状，例如绘制多条直线。单击"插入"→"插图"→"形状" ，选择重复的形状样式，右击鼠标并在弹出的快捷菜单中选择"锁定绘图模式"，再次重复插入某个相同形状时，不需要重复点击插入形状。

任务一　创建业绩表

【任务要求】创建某企业年度生产业绩表，并对它进行格式化。最终效果如图 4-1 所示。

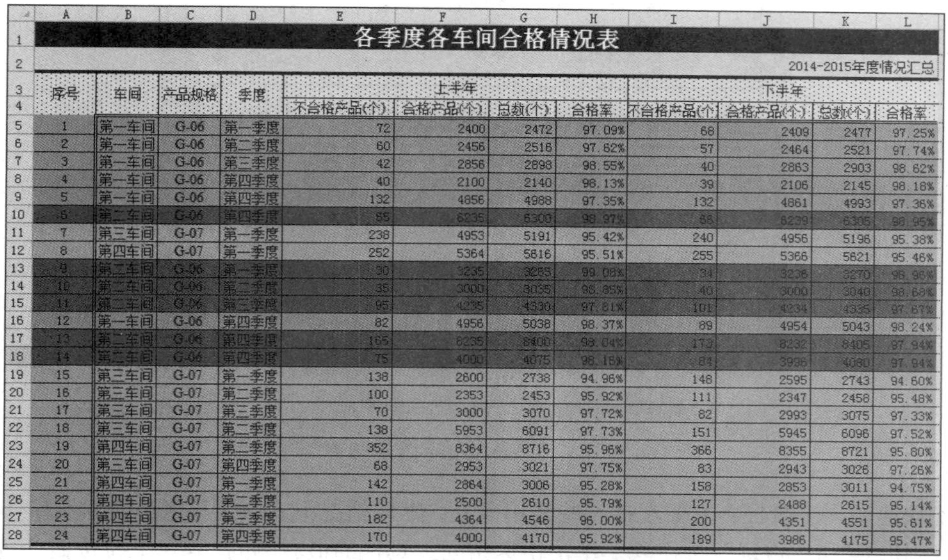

序号	车间	产品规格	季度	上半年				下半年			
				不合格产品(个)	合格产品(个)	总数(个)	合格率	不合格产品(个)	合格产品(个)	总数(个)	合格率
1	第一车间	G-06	第一季度	72	2400	2472	97.09%	68	2409	2477	97.25%
2	第一车间	G-06	第二季度	60	2456	2516	97.62%	57	2464	2521	97.74%
3	第一车间	G-06	第三季度	42	2856	2898	98.55%	40	2863	2903	98.62%
4	第一车间	G-06	第四季度	40	2100	2140	98.13%	39	2106	2145	98.18%
5	第一车间	G-06	第四季度	132	4856	4988	97.35%	132	4861	4993	97.35%
6	第二车间	G-06	第四季度	65	6235	6300	98.97%	66	6239	6305	98.95%
7	第二车间	G-07	第一季度	238	4953	5191	95.42%	240	4956	5196	95.38%
8	第四车间	G-07	第一季度	252	5364	5616	95.51%	255	5366	5621	95.46%
9	第二车间	G-06	第一季度	30	3235	3265	99.08%	34	3236	3270	98.96%
10	第三车间	G-06	第二季度	35	3000	3035	98.85%	40	3000	3040	98.68%
11	第三车间	G-06	第二季度	95	4235	4330	97.81%	101	4234	4335	97.67%
12	第一车间	G-06	第四季度	82	4956	5038	98.37%	89	4954	5043	98.24%
13	第二车间	G-06	第三季度	165	8235	8400	98.04%	173	8232	8405	97.94%
14	第二车间	G-06	第四季度	75	4000	4075	96.15%	84	3996	4080	97.94%
15	第三车间	G-07	第一季度	138	2600	2738	94.96%	148	2595	2743	94.60%
16	第三车间	G-07	第二季度	100	2353	2453	95.92%	111	2347	2458	95.48%
17	第四车间	G-07	第三季度	70	3000	3070	97.72%	82	2993	3075	97.33%
18	第四车间	G-07	第四季度	138	5953	6091	97.73%	151	5945	6096	97.52%
19	第四车间	G-07	第二季度	352	8364	8716	95.96%	366	8355	8721	95.80%
20	第二车间	G-07	第四季度	68	2953	3021	97.75%	83	2943	3026	97.26%
21	第四车间	G-07	第一季度	142	2864	3006	95.28%	158	2853	3011	94.75%
22	第四车间	G-07	第二季度	110	2500	2610	95.79%	127	2488	2615	95.14%
23	第四车间	G-07	第三季度	182	4364	4546	96.00%	200	4351	4551	95.61%
24	第四车间	G-07	第四季度	170	4000	4170	95.92%	189	3986	4175	95.47%

各季度各车间合格情况表　　2014-2015年度情况汇总

图 4-1　创建业绩表效果

【任务分析】梳理该企业年度生产数据，利用 Excel 创建工作簿，在工作簿的工作表中通过输入各单元格内容、自动填充、复制粘贴单元格内容或公式、函数计算获得单元格内容，从而创建业绩表；并通过常规格式和条件格式操作对该业绩表进行格式化。

【知识技能】

一、启动和退出 Excel

1. 启动和退出 Excel

与 Word 类似，有很多种方式可以启动 Excel。

（1）使用"开始"菜单：单击"开始"按钮，在弹出的"开始"菜单中选择"所有程序"中"Microsoft Office"中的"Microsoft Excel 2010"菜单项，即可启动 Excel 2010。

（2）使用桌面快捷图标：双击桌面上的"Microsoft Excel 2010"快捷图标，即可启动 Excel 2010。

（3）双击 Excel 工作簿文件，如。

2. 关闭文档

（1）使用"关闭"按钮：直接单击电子表格窗口标题栏中的"关闭"按钮。

（2）使用快捷菜单：在标题栏空白处右击鼠标，从弹出的快捷菜单中选择"关闭"菜单项。

（3）使用"Excel"按钮：在"快速访问工具栏"的左上角单击"Excel"按钮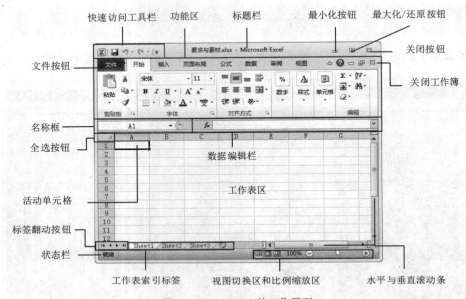，在弹出的下拉菜单中选择"关闭"菜单项。

二、Excel 2010 工作界面

Excel 2010 的工作界面如图 4-2 所示。

图 4-2　Excel 2010 的工作界面

（1）快速访问工具栏：主要包括一些常用命令。默认情况下，该工具栏包含"保存"按钮、"撤销"按钮和"重复"按钮。单击快速访问工具栏的最右端的""下拉按钮，可以添加其他常用命令。

（2）标题栏：显示当前程序与文件名称（首次打开程序，默认文件名为"工作簿 1"）以及一些窗口控制按钮。标题栏右侧有 3 个窗口控制按钮。

（3）功能区：用选项卡的方式分类放置编排文档时所需的常用工具。单击功能区中的选项卡标签可切换到不同的选项卡，从而显示不同的工具；在每个选项卡中，工具又被分类放置在不同的组中。某些组的右下角有个"对话框启动器"按钮。

（4）名称框：显示目前被用户选取的活动单元格的行列号，如图 4-2 中名称框内所显示的是被选取单元格的行列名"A1"。

（5）数据编辑栏：数据编辑栏用来显示目前被选取单元格的内容，在工作表的某个单元格输入数据时，编辑栏会同步显示输入的内容。用户除了可以直接在单元格内输入、修改数据之外，也可以在编辑栏中输入、修改数据。

（6）全选按钮：单击全选按钮，可以选中工作表中所有的单元格。

（7）活动单元格：单击工作表中某一单元格时，该单元格的周围就会显示黑色粗边框，表示该单元格已被选取，称为"活动单元格"，也称"当前单元格"。用户当前进行的操作都是针对活动单元格。

（8）工作表区：工作表区是由多个单元表格行和单元表格列组成的网状编辑区域，可以在这

个区域中进行数据处理。

（9）标签翻动按钮：有时一个工作簿中可能包含大量的工作表而使工作表索引标签的区域无法一次性显示所有的索引标签，这时就需要利用标签翻动按钮来帮助用户将显示区域以外的工作表索引标签翻动至显示区域内。

（10）状态栏：显示目前被选取单元格的状态，例如，当用户正在单元格输入内容时，状态栏上会显示"输入"两个字。

（11）工作表索引标签：每一个工作表索引标签都代表一张独立的工作表，使用者可通过单击工作表索引标签来切换到某一张工作表，使它成为活动工作表，也称为当前工作表。

（12）水平与垂直滚动条：使用水平或垂直滚动条，可滚动整个文档。

（13）视图切换区和比例缩放区：方便用户选用合适的视图效果，可选用"普通""页面布局""分页预览"3 种视图查看方式，也可方便选择视图比例。

三、工作簿和工作簿窗口

1. 工作簿

在 Excel 2010 中，用户创建的表格是以工作簿文件的形式存储和管理的。

"工作簿"是 Excel 创建并存放在磁盘上的文件，扩展名为 .xlsx。启动 Excel 2010 后，Excel 2010 会自动新建一个空白工作簿，并临时命名为"工作簿 1"。

2. 工作表和工作表标签

工作簿和工作表的关系好比是文件夹和文件夹里面文件的关系（见图 4-3）。

"工作表"包含在工作簿中，一个工作簿最多可以容纳 255 张工作表。默认情况下，一个工作簿包括 3 个工作表，分别命名为"Sheet1""Sheet2""Sheet3"。

一个工作表由单元格、行号、列标及工作表标签组成。行号显示在工作表的左侧，依次用数字"1，2，……，1048576"表示；列标显示在工作表上方，依次用字母"A，B，……，XFD"表示；每个工作表底部都有一个工作表标签，工作表的标签名可以自由修改。

单击某个工作表标签（见图 4-4）就可以切换到该工作表，然后可以进行编辑。正在被编辑的工作表称为"当前工作表"。用户可根据实际需要添加、重命名或删除工作表。

图 4-3　工作簿与工作表

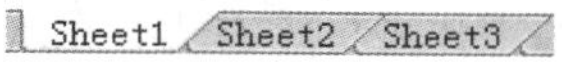

图 4-4　工作表标签

3. 单元格和单元格地址、单元格名称

工作表中行与列相交形成的长方形区域，称为"单元格"。它是用来存放数据或公式的基本单位。Excel 2010 用列标和行号表示某个单元格的地址，也是单元格的名称，如 A1 单元格指的就是第 1 行和第 A 列的单元格，B3 指的是第 3 行第 B 列的单元格。

四、工作簿和工作表操作

1. 工作簿基本操作

工作簿的基本操作包括新建、保存、打开和关闭，相应操作过程类似于 Word 文档。

2. 工作表常见操作

工作表是工作簿中用来分类存储和处理数据的地方,使用 Excel 2010 新建电子表格时,常常需要进行选择、插入、重命名、移动和复制工作表等操作,可使用快捷菜单(见图 4-5)或按钮实现。其中插入、移动和复制工作表等操作需要先选择工作表。

图 4-5 工作表标签快捷菜单

（1）选择工作表

工作表的选择有以下几种情况:

①选择单个工作表,也称切换工作表,使该工作表变成活动工作表。直接单击该工作表的标签即可。

②选择多个连续工作表。按住 Shift 键不放,同时单击要选择的工作表标签。

③选择多个不连续工作表。按住 Ctrl 键不放,同时单击要选择的工作表标签。

如果需要的工作表标签没有出现在窗口的标签区域,则可以单击工作表标签左侧的标签翻动按钮 ，使需要的工作表标签出现,再进行选择。

（2）插入工作表。单击 Sheet3 工作表标签右边的"插入"按钮 ，在所有工作表的右侧直接插入一个新工作表 Sheet4。如果想在一个已有的工作表左侧插入新工作表,则切换到该工作表,单击"开始"→"单元格"→"插入"按钮 ；或右击该工作表标签,在弹出的快捷菜单中选择"插入"命令,在弹出的"插入"对话框中选择"工作表",单击"确定"按钮(见图 4-6)。

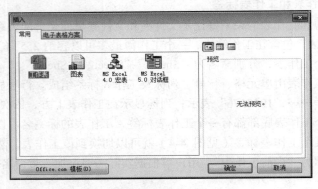

图 4-6 在指定工作表左侧插入新工作表

（3）复制工作表。单击源工作表标签,按住 Ctrl 键不放,同时按住鼠标左键不放 ，拖动到源工作表标签右边。系统对复制得到的工作表提供的名字与原工作表同名,但在一对括号中用数字表示为工作表副本。

（4）移动工作表。单击要移动的工作表标签,按住鼠标左键不放 ，拖动鼠标到目标位置工作表标签右边。

如果同一工作簿的工作表距离比较远,或者分属于不同的工作簿,可以将鼠标指向工作表标签处,右击鼠标,在弹出的快捷菜单中选取"移动或复制",在弹出的"移动和复制工作表"对话框(见图 4-7)中选择工作表移到的位置(如果是另外的工作簿,则先在对话框的"工作簿"中选择目标工作簿名字),使工作表移动。如果勾选"建立副本",则表示复制工作表操作。

图 4-7 "移动和复制工作表"对话框

（5）重命名工作表。双击要重命名的工作表标签，进入编辑状态，输入内容，按 Enter 键。

（6）删除工作表。右击要删除的工作表标签，在弹出的快捷菜中选择"删除"命令。

3. 查看工作簿

（1）冻结窗格

在制作一个 Excel 表格时，如果列数较多，行数也较多，一旦向下滚屏，则上面的标题行也跟着滚动，在处理数据时往往难以分清各列数据对应的标题；同样，一旦向右滚屏，也会出现这种问题，利用"冻结窗格"功能可以很好地解决这一问题。

设置冻结窗格可以通过单击"视图"→"窗口"→"冻结窗格"按钮▦的下拉列表中的相关命令来设置。

冻结窗格主要有三种形式：冻结首行、冻结首列和冻结拆分窗格。

①冻结首行：是指滚动工作表其他部分时保持首行不动。

②冻结首列：是指滚动工作表其他部分时保持首列不动。

③冻结拆分窗格：是指滚动工作表其他部分时，同时保持行和列不动。

（2）拆分窗格

拆分窗口可以将当前活动的工作表拆分成多个窗格，并且在每个被拆分的窗格中都可以通过滚动条来显示整个工作表的每个部分。

选定拆分分界位置的单元格，单击"视图"→"窗口"→"拆分"按钮▦拆分，在选定单元格的左上角，系统将工作表窗口拆分成 4 个不同的窗格。利用工作表右侧及下侧的 4 个滚动条，可以清楚地在每个部分查看整个工作表的内容。

4. 保护工作簿

为防止他人偶然或恶意更改、移动或删除重要数据，可以保护工作表或工作簿元素。其中单元格的保护要与工作表的保护结合使用才有效。

（1）保护工作簿

工作簿文件的各项操作完成后，选择"快速访问工具栏"中的"保存"命令（如果是已保存过的工作簿文件，选择"文件"菜单中的"另存为"命令），弹出"另存为"对话框，选择好要保存的文件位置和文件名后，单击该对话框下方的"工具"按钮的下拉按钮，选择"常规选项"命令，弹出"保存选项"对话框。

在"保存选项"对话框中给工作簿设置打开密码和修改密码，单击"确定"按钮后，系统会弹出"确认密码"对话框，再输入一次相同的密码并单击"确定"按钮，文件保存完毕（已保存过的文件会提示"文件已存在，要替换它吗？"，选择"是"）。当下次要打开或修改这个工作簿时，系统就会提示要输入密码，如果密码不对，则不能打开或修改工作簿。

在"保存选项"对话框中，删除密码框中的所有"*"号即可删除密码，撤销工作簿的保护。

（2）保护单元格

全选工作表，右击鼠标并在弹出的快捷菜单中选择"设置单元格格式"命令，打开"设置单元格格式"对话框，选择"保护"选项卡，取消"锁定"选项，单击"确定"按钮。选中需要保护的数据区域，重新勾选刚才"保护"选项卡中的"锁定"选项，单击"确定"按钮。再执行接下来要讨论的工作表保护，即可实现对单元格的保护。

（3）保护工作表

选择要进行保护的工作表标签，单击"审阅"→"更改"→"保护工作表"按钮▦，弹出"保护工作表"对话框。在对话框中设置保护密码，选择保护内容，以及允许其他用户进行修改的内容，单击"确定"按钮。

工作表被保护后，当在被锁定的区域内输入内容时，系统会提示警告框，用户无法输入内容。

在保护工作表中设置可编辑数据区域：选定允许编辑区域，单击"审阅"→"更改"→"允许用户编辑区域"按钮 允许用户编辑区域 ，在"允许用户编辑区域"对话框中单击"新建"按钮，然后在"新区域"对话框中设置单元格区域及密码，单击"权限"按钮还可以设置各用户权限，单击"确定"按钮，再选择"保护工作表"按钮，进行工作表保护。

5. 隐藏工作簿

（1）隐藏工作簿

单击"视图"→"窗口"→"隐藏"按钮 隐藏 ，即把当前工作簿隐藏起来。

单击"视图"→"窗口"→"取消隐藏"按钮 取消隐藏 ，在弹出的对话框中勾选隐藏的工作簿名，则取消对该工作簿的隐藏。

（2）隐藏工作表

右击要隐藏的工作表标签，在弹出的快捷菜单中选择"隐藏"命令，即把该工作表隐藏起来。

右击任意工作表标签，在弹出的快捷菜单中选择"取消隐藏"命令，在弹出的对话框中勾选隐藏的工作表名，则取消对该工作表的隐藏。

五、输入数据

1. 录入数据

在 Excel 中，录入的数据可以是文字、数字、函数和日期等。

（1）数字数据的输入

数字数据由数字 0～9 及一些符号（如小数点、+、−、\$、%、…）所组成，例如 15.36、-99、\$350、75%等。日期与时间也属于数字数据，只不过含有少量的文字或符号，例如 2012/06/10、08:30PM、3 月 14 日等。

在 Excel 中，数字在单元格中的对齐方式默认是右对齐。一般地，数字数据直接输入。

①输入负数时，必须在数字前面加一个负号或给数字加上小括号。

②输入分数时，先要输入 0 和一个空格，再输入分数。

输入的数据大于等于 12 位时，数据的显示方式会变成科学计数法。如果不想以这种格式显示数据，则需要将数据转变为文本进行输入。

（2）文本型数据输入

在 Excel 中，文本在单元格中的对齐方式默认是左对齐。输入时，先输入单引号，再输入文本。

（3）日期数据输入

①日期格式

日期格式有年-月-日、月-日-年、日-月-年。默认为年/月/日。

②时间格式

时间格式有时:分 am（pm）、时:分:秒 am（pm）、时:分、时:分:秒。默认为"时:分"和"时:分:秒"。

在单元格输入年-月-日或输入月-日，按 Enter 键，则会转换成符合默认格式的日期和时间。

2. 自动完成和自动填充数据

（1）自动完成

用于自动输入列中已有的值。如果在单元格中输入的前几个字符与该列中的某个现有内容匹配，Excel 会自动输入剩余的字符。

①如果自动输入的内容正好是想输入的内容，则按 Enter 键。

②如果自动输入的内容不是想要的内容，则继续完成输入。

Excel 仅自动完成包含文本或文本和数字组合的内容。不会自动完成只包含数字、日期或时间的内容。

当同列中出现两个以上单元格数据雷同时，Excel 在无从判定内容的情况下，将暂时无法使用自动完成功能。当继续输入 Excel 可判断的内容时，才会显示自动完成的文字内容。

（2）自动填充

根据某种模式或基于其他单元格中的内容，使用"自动填充"功能在单元格中填充数据、公式或序列，而不必在工作表中手动输入数据。

①填充柄

"填充句柄"是指位于当前活动单元格右下方的黑色方块"▪"，当鼠标变为黑色的十字型"╋"时，可以用鼠标拖动填充柄自动在其他单元格填充与活动单元格内容相关的数据。如序列数据或相同数据。

②序列数据

序列数据是指有规律地变化的数据，如日期、时间、月份、等差或等比数列。要填充指定步长的等差或等比序列，可在前 2 个单元格中输入序列的前 2 个数据，如在 A1、A2 单元格中分别输入 1 和 3，然后选定这 2 个单元格，并拖动所选单元格区域右下角的填充柄到要填充的目标区域。也可以按右键拖动填充柄，到目标区域处释放鼠标，在弹出的菜单中选择"填充序列"。

3. 添加批注

在一些报表中，我们常常需要用批注来汇报信息，这有助于更好地理解数据。批注可以自由设置形状、颜色，还能插入图片，并且可以自由旋转。选中单元格，单击"审阅"→"批注"→"新建批注"按钮 ▨，就可以在批注区域输入批注内容。右击单元格并在弹出的快捷菜单中选择"设置批注格式"，还可以对批注格式进行格式设置。如果想修改批注内容，则单击添加了批注的单元格，单击"审阅"→"批注"→"编辑批注"按钮 ▨，进入批注区域修改批注内容。

六、编辑单元格

1. 编辑单元格数据

编辑工作表时，可以修改单元格数据，将单元格或单元格区域中的数据移动或复制到其他单元格或单元格区域，还可以清除单元格或单元格区域中的数据，以及在工作表中查找和替换数据等。

（1）数据的修改

输入数据后，若发现错误或者需要修改单元格内容，可以先单击单元格，再到编辑栏进行修改；或者双击单元格，再将光标定位到单元格内相应的修改位置处进行修改。

（2）数据的删除

选定单元格后按 Delete 键或 Backspace 键，删除单元格中的内容，单元格格式和批注等内容会保留下来。其中，Backspace 键只删除一个单元格数据。

还可以在选中单元格后，在选中的区域上右击鼠标并在弹出的快捷菜单中选择"清除内容"命令。

（3）清除

输入数据时，除输入数据本身之外，有时还会输入数据的格式、批注等信息。在需要删除特定的内容时，例如只删除单元格格式、批注，或者要将单元格中的所有内容全部删除时，单击"开始"→"编辑"→"清除"按钮 下拉列表中的"清除"命令。

清除有如下几个选项（见图 4-8），可根据实际需要选择执行。

图 4-8　清除

- 全部清除：删除选中单元格的内容和格式、批注、超链接等，只保留单元格。
- 清除格式：只删除选中单元格的格式，内容和单元格仍保留。
- 清除批注：只删除选中单元格的批注，其余的都保留。
- 清除超链接：只删除选中单元格的超链接，其余的都保留。

2．选择

（1）选择单元格：鼠标移动到要选择的单元格上，然后单击。还可使用键盘上的方向键。

如果只想选择一个单元格中的部分内容，则双击该单元格，进入编辑状态，用鼠标拖动的方法选择部分内容。或者单击该单元格，在编辑栏中选择部分内容。

（2）选择连续区域：鼠标从连续区域的左上角单元格，拖动到连续区域的右下角单元格；或者单击连续区域的左上角单元格，按住 Shift 键不放，单击连续区域的右下角单元格。

（3）选择不连续区域：单击区域中的第一单元格，按住 Ctrl 键不放，再依次单击其他的单元格。

（4）选择行或列：鼠标移动到该行左侧的行号或该列顶端的列标上，当鼠标指针形状变成"➡"或"⬇"时，单击行号或列标。若选择连续多行或多列，可在行号或列标上按住鼠标左键并拖动。若要选择不相邻的多行或多列时，可在操作中按住 Ctrl 键不放。

（5）选择工作表：单击工作表区左上角行号和列标交叉处的"全选"按钮　　。

3．插入行、列、单元格

如果需要在工作表某行上方插入一行或多行，在工作表某列左侧插入一列或多列，或在工作表的某单元格上方或左侧插入单元格，可采用如下方法。

（1）单击"开始"→"单元格"→"插入"按钮，在列表中选择相应的命令。

（2）直接插入行或列。在选中的区域上右击鼠标并在弹出的快捷菜单中选择"插入"命令，如图 4-9 所示。

但是，如果操作时选中的是单元格，则在选中的区域上右击鼠标并在弹出的快捷菜单中执行"插入"命令，或单击"开始"→"单元格"→"插入"按钮，在列表中选择"插入单元格"时，会弹出一个"插入"对话框，根据实际需要进行相应选择，如图 4-10 所示。

一次插入多行或多列，则可以在操作前先选中需要插入行数的行或列数的列。

图 4-9　插入行/列/单元格　　　　　　　图 4-10　选中单元格后执行"插入单元格"

4. 移动和复制行、列、单元格

（1）行、列、单元格的移动和复制

行、列、单元格的移动和复制操作类似于 Word 文档中文本的移动和复制。可以用鼠标拖动来完成，或者也可以通过"开始"选项卡上的"剪贴板"组中"剪切"命令（或"Ctrl＋X"快捷键）、"复制"命令（或"Ctrl＋C"快捷键）和"粘贴"命令（或"Ctrl＋V"快捷键）来实现。

①复制公式时，将公式粘贴到目标区域后，Excel 会自动将目标区域的公式调整为该区域相关的相对地址，因此，如果复制的公式仍然要参照原来的单元格地址，则该公式应该使用绝对地址。

②为了避免移动、复制区域和粘贴区域的形状不同而不能正常操作（见图 4-11），若复制的选择区域不是行或列，在执行粘贴操作前，建议先选中粘贴区域的第 1 格。

图 4-11　执行"粘贴"命令后的提示对话框

（2）粘贴和选择性粘贴

单元格里含有多种属性：数据、公式和计算结果、单纯的文字或数字资料、内容的格式等。可利用选择性粘贴，只复制、粘贴单元格的指定属性。

（3）插入复制的单元格、插入剪切的单元格

如果粘贴区域已有数据存在，直接将复制的数据粘贴上去，则原有数据被覆盖或屏幕会出现提示信息。

为了保留原有数据，在执行移动或复制操作后，选中粘贴区域的第 1 单元格后，使用"插入复制的单元格""插入剪切的单元格"命令。如果复制或剪切区域是单元格，则会弹出"插入粘贴"对话框（见图 4-12）。

图 4-12　插入剪切的单元格、插入复制的单元格

5. 删除行、列、单元格

可采用如下方法：

（1）单击"开始"→"单元格"→"删除"按钮 ，在列表中选择相应命令。

（2）在选中的区域上右击鼠标并在弹出的快捷菜单中选择"删除"命令（见图4-13）。

当操作前选中的是单元格时，执行"删除单元格"或快捷菜单中的"删除"命令后，会弹出"删除"对话框，如图4-14所示。

图4-13　删除行、列、单元格　　　　图4-14　"删除"对话框

七、使用公式

公式，即通常所说的表达式，包含运算符和参与运算的操作数。运算符可以是算术运算符、比较运算符、文本运算符和引用运算符；操作数可以是常量、单元格引用和函数等。例如"= A1 + A2 + 10"。

1. 运算符

（1）数学运算符

+加、−减、*乘、/除、^乘方

（2）比较运算符

>大于、>=大于等于、<小于、<=小于等于、=等于、<>不等于

（3）文本运算符

&连接符

（4）引用运算符

①冒号（:）表示连续区域。

②逗号（,）表示联合的非连续区域。

③空格（ ）表示多个引用的交集为一个引用。

2. 单元格引用

（1）相对引用。相对引用是Excel默认的单元格引用方式，它直接用单元的列和行号表示单元格，如A2、A2:I2、A2,I2。在移动或复制公式时，系统会根据位置的变化自动调整公式中引用的单元格地址。

（2）绝对引用。绝对引用是指在单元格的列号和行号前都加上"$"符号，如"$A$2"。公式移动或复制时，绝对引用的单元格地址也不会调整。

（3）混合引用。混合引用是指既包含绝对引用又包含相对引用，如"$A2"，表示列不变行变。常用于表示列变行不变或行变列不变的引用。

在 Excel 中，用户可以采用不同的链接方式，既可引用同一工作表中的不同单元格或一个单元格区域；也可引用不同工作表中的单元格或单元格区域（不论是否同属一个工作簿）。当链接中的源数据发生变化时，Excel 还可以更新所对应链接点中的数据。

①同一工作簿中不同工作表之间的单元格引用：工作表标签!单元格或工作表标签!单元格区域。如业绩表!E16。

②不同工作簿中的工作表之间的单元格引用：'文件位置[文件簿名字]工作表标签'!单元格或'文件位置[文件簿名字]工作表标签'!单元格区域。如'E:\项目\项目 4\[业绩表.xlsx]业绩表'!E16。

3. 公式的输入

步骤 1：单击要输入公式的单元格，在单元格或编辑栏中先输入等号"="。

步骤 2：在"="号右边输入计算公式。操作数如果是单元格引用，则可以单击计算表达式所含数据所在的单元格或输入单元格名称。

步骤 3：按 Enter 键。此时，单元格中显示计算结果，编辑栏中仍然显示计算公式。如果其他单元格的计算公式也和此单元格相同或类似，则可利用自动填充或复制粘贴公式。

八、使用函数

函数是 Excel 根据各种需要，预先设计好的运算公式，可节省输入表达式。

1. 5 种常用函数

（1）求和函数 SUM：返回参数区域中所有数值之和。

语法：SUM（number1,number2,…）

number1，number2，…为 1～255 个需要求和的参数区域。

（2）平均值函数 AVERAGE：返回参数区域中所有数值的平均值（算术平均值）。

（3）计数函数 COUNT：返回参数区域中包含数字的单元格的个数。

（4）最大值函数 MAX：返回参数区域中值最大的单元格数值。

（5）最小值函数 MIN：返回参数区域中值最小的单元格数值。

2. 函数的组成

每个函数都包含三个部分：函数名称、自变量和小括号。

下面以汇总函数 SUM 为例来说明：

SUM 是函数名称，从函数名称可大略得知函数的功能、用途。

小括号用来括住自变量，有些函数虽没有自变量，但小括号不能省略。

函数的自变量不仅只有数字类型，也可以是文字或以下 3 种类别。

（1）单元格地址：如 SUM（B1,C3），","表示前后的单元格地址是不连续的，即是要计算 B1 单元格的值 + C3 单元格的值。

（2）范围：如 SUM（A1:A4），":"表示左右的单元格地址是连续区域的左上角和右下角单元格地址，即是要汇总 A1:A4 范围的值。

（3）函数嵌套：如 SQRT（SUM（B1:B4））即是先求出 B1:B4 的总和后，再开平方根的结果。

3. 具体操作

步骤 1：单击存放计算结果的单元格，并在单元格或编辑栏中输入"="。

步骤 2：选择函数。有以下几种方法。

①在函数列表（见图 4-15）中选择。

图 4-15 选择函数

- 单击"开始"→"编辑"→"自动求和"下拉按钮 Σ 自动求和 ·。
- 单击"公式"→"函数库"→"自动求和"下拉按钮 Σ ·。
- 双击单元格进入编辑状态，单击编辑栏 SUM ▼ × √ fx = 上的 SUM ▼ 下拉按钮。

②在"插入函数"对话框（见图 4-15）中选择。

- 双击单元格进入编辑状态，单击编辑栏 SUM ▼ × √ fx = 上的"插入函数"按钮 fx。
- 单击"公式"→"函数库"→"插入函数"按钮 fx。

步骤 3：设定参加计算的函数自变量。打开"函数参数"对话框，单击自变量栏右侧的"展开"按钮，在框中输入自变量范围或在工作表中选择自变量范围，如图 4-16 所示。

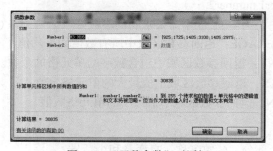

图 4-16 "函数参数"对话框

再次单击自变量栏右侧的"展开"按钮，回到"函数参数"对话框，单击"确定"按钮。

九、工作表格式化

1. 单元格格式

单元格格式包括单元格内容的字符格式、数字格式和对齐方式，以及单元格的边框和底纹等。可利用"开始"选项卡的"字体""对齐方式"和"数字"组中的按钮，或利用"单元格格式"对话框来设置。

2. 条件格式

条件格式是指利用设定格式化的条件功能，自动将符合条件规则的单元格套上特别设定的格式，方便识别，更好地对数据进行分析。

（1）条件格式规则

有 3 种预设的条件格式规则选项（见图 4-17）。

图 4-17　条件格式规则

①突出显示单元格规则：突出显示所选单元格区域中符合特定条件的单元格。可在列表中选择比较符、任意输入比较数值来设置条件和格式。

②项目选取规则：与突出显示单元格规则相同，只是设置条件的方式不同。列表中只能选择最高值、最低值、平均值来设置条件和格式。

③数据条、色阶和图标集：使用数据条、色阶（颜色的种类或深浅）和图标来标识各单元格中数据值的大小，从而方便查看和比较数据。

（2）新建条件格式规则

①使用预设的条件格式规则

步骤 1：选择需设定条件的单元格区域。

步骤 2：单击"开始"→"样式"→"条件格式"下拉列表 ，选择符合需求的预设条件格式规则中的具体命令。

步骤 3：在弹出的对话框中输入比较值或条件，下拉选择预设格式或单击"自定义格式"，打开"设置单元格格式"对话框进行格式操作（见图 4-18）。单击"确定"按钮。

②新建条件格式规则

步骤 1：单击"开始"→"样式"→"条件格式"下拉列表 ，选择预设条件格式规则中的"其他规则"命令，打开"新建格式规则"对话框。也可以单击"开始"→"样式"→"条件格式" 下拉列表中的"新建规则"命令打开"新建格式规则"对话框（见图 4-19）。

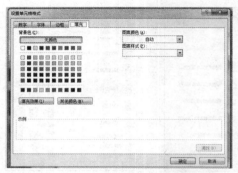

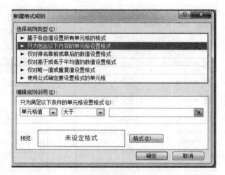

图 4-18 "设置单元格格式"对话框　　　　图 4-19 "新建格式规则"对话框

步骤 2：在"新建格式规则"对话框中，选择规则类型。在"编辑规则说明"处设置比较符、比较值，并单击"格式"按钮打开"设置单元格格式"对话框。

步骤 3：打开"设置单元格格式"对话框进行格式操作，单击"确定"按钮。

步骤 4：在"新建格式规则"对话框中，单击"确定"按钮。

（3）条件规则的管理

条件格式规则的管理包括新建规则、编辑规则和删除规则。通过"条件格式规则管理器"对话框（见图 4-20）完成条件格式规则的管理操作。

图 4-20 "条件格式规则管理器"对话框

3. 套用表格格式和单元格样式

Excel 2010 中内置了已设置好的单元格样式和表格格式（见图 4-21 和图 4-22），可供用户选择使用，快速美化工作表和单元格。

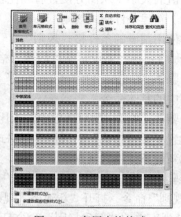

图 4-21 单元格样式　　　　　　　图 4-22 套用表格格式

当工作表应用了"套用表格格式"后，功能区会出现"格式工具 设计"选项卡（见图4-23）。

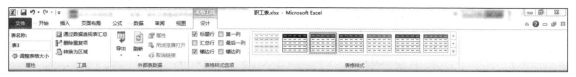

图4-23 "格式工具 设计"选项

【任务实施】

1. 创建工作簿和工作表

步骤1：启动 Excel 2010。

步骤2：单击工作表"Sheet1"的 A1 单元格，利用 Enter 键、光标键移动单元格，利用自动完成功能、复制粘贴单元格，输入各单元格内容，如图4-24所示。

序号	车间	产品规格	季度	上半年				下半年			
				不合格产品(个)	合格产品(个)	总数(个)	合格率	不合格产品(个)	合格产品(个)	总数(个)	合格率
	第一车间	G-06	第一季度	72	2400			68	2409		
	第一车间	G-06	第二季度	60	2456			57	2464		
	第一车间	G-06	第三季度	42	2856			40	2863		
	第一车间	G-06	第四季度	40	2100			39	2106		
	第二车间	G-06	第一季度	132	4856			132	4861		
	第二车间	G-06	第二季度	65	6235			66	6239		
	第三车间	G-07	第一季度	238	4953			240	4956		
	第四车间	G-07	第一季度	252	5364			255	5366		
	第一车间	G-06	第三季度	30	3235			34	3236		
	第二车间	G-06	第二季度	35	3000			40	3000		
	第二车间	G-06	第三季度	95	4235			101	4234		
	第二车间	G-06	第四季度	82	4956			89	4954		
	第二车间	G-06	第四季度	165	8235			173	8232		
	第二车间	G-06	第四季度	75	4000			84	3996		
	第三车间	G-07	第二季度	138	2600			148	2595		
	第三车间	G-07	第二季度	100	2353			111	2347		
	第三车间	G-07	第三季度	70	3000			82	2993		
	第三车间	G-07	第四季度	138	5953			151	5945		
	第四车间	G-07	第二季度	352	8364			366	8355		
	第三车间	G-07	第四季度	68	2953			83	2943		
	第四车间	G-07	第一季度	142	2864			158	2853		
	第四车间	G-07	第二季度	110	2500			127	2488		
	第四车间	G-07	第三季度	182	4364			200	4351		
	第四车间	G-07	第四季度	170	4000			189	3986		

图4-24 创建"业绩表"

2. 编辑工作表

步骤1：单击 A5 单元格，输入数字"1"。按住 Ctrl 键不放，鼠标放在 A5 单元格右下角的"+"上，一直拖动到 A28 单元格，产生序号为 1～24 的数列。

步骤2：选中 Sheet1 工作表中第 1 行的 A1 单元格到 L1 单元格，单击"开始"→"对齐方式"→"合并后居中"按钮 ▦▾。

步骤3：选中 Sheet1 工作表中第 2 行的 A2 单元格到 L2 单元格，合并后居中。然后单击"开始"→"对齐方式"→"文本右对齐"按钮 ▤，使文字在合并单元格中右对齐。

步骤4：分别选中 Sheet1 工作表中 A3 和 A4 单元格、B3 和 B4 单元格、C3 和 C4 单元格、D3 和 D4 单元格，合并后居中。

步骤5：分别选中 Sheet1 工作表中 E3 到 H3 单元格、I3 到 L3 单元格，合并后居中。

步骤6：分别选中合并后的 A1、A2、A3 到 D3、E3、I3 单元格，单击"开始"→"对齐方式"→"对话框启动器" ▫。在打开的"设置单元格格式"对话框（见图4-25）的"对齐"选项卡中，选择文本对齐方式的"垂直对齐"方式为"居中"。

图 4-25 在"设置单元格格式"对话框中设置对齐方式

3. 公式和函数计算

步骤 1：单击 G5 单元格，单击"开始"→"编辑"→"自动求和"按钮 Σ 自动求和▼，检查编辑框中的计算公式。如果正确，按 Enter 键，则 G5 单元格中产生计算结果。鼠标放在 G5 单元格右下角的"+"上，一直拖动到 G28 单元格。

步骤 2：单击 K5 单元格，输入公式= I5 + J5，按 Enter 键。鼠标放在 K5 单元格右下角的"+"上，一直拖动到 K28 单元格。

步骤 3：单击 H5 单元格，输入公式 = F5/G5，按 Enter 键。鼠标放在 H5 单元格右下角的"+"上，一直拖动到 H28 单元格。

步骤 4：单击 H5 单元格，右击鼠标，在弹出的快捷菜单中选择"复制"；单击 L5 单元格，右击鼠标，在弹出的快捷菜单中选择"粘贴选项"中的"粘贴公式 fx"（见图 4-26）。鼠标放在 L5 单元格右下角的"+"上，一直拖动到 L28 单元格。

4. 格式化工作表

步骤 1：选中 H5 到 H28 和 L5 到 L28，单击"开始"→"数字"→"百分比"按钮 %，使数字变为百分数，再单击"开始"→"数字"→"增加小数位数"按钮 ⁺⁰₀₀，使数字保留 2 位小数。

步骤 2：选中 A5 到 D28 和 E4 到 L4，居中。

步骤 3：单击第 1 行的 A1 单元格，使用 "开始"→"字体"的按钮将文字字体设置为隶书，字号 20，加粗，字色为白色，填充为深蓝。

步骤 4：单击第 2 行的 A2 单元格，设置文字字体为黑体，字号 10。

步骤 5：选中 A3 到 L4 单元格，设置文字字体为宋体，字号 10，填充为黄色，图案样式为 6.25% 灰（见图 4-27）。

图 4-26 选择性粘贴

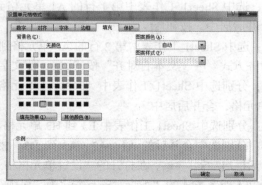

图 4-27 在"设置单元格格式"对话框中设置填充

步骤6：将"第一车间"行填充为浅绿。

选中 A5 到 L28，单击"开始"→"样式"→"条件格式"下拉按钮 ，在列表中选择"新建规则"，在弹出的"新建规则格式"对话框的"选择规则类型"处选择"使用公式确定要设置格式的单元格"，在"编辑规则说明"处的框中输入公式 = B5 ="第一车间"。如果是一个已在选择范围中的数值，可用""按钮到工作表中选择该数值存在的单元格。然后单击"格式"，在打开的"设置单元格格式"对话框的"填充"选项卡中选择背景色为浅绿。单击"确定"按钮回到"新建规则格式"对话框，将公式中的 = B5 编辑为 = $B5（见图 4-28），再单击"确定"按钮。

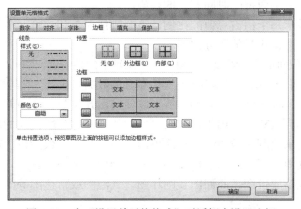

图 4-28　在"新建格式规则"对话框中使用公式确定要设置格式的单元格

步骤7：将"第二车间"行填充为绿色。重复步骤 6，只是"编辑规则说明"处的公式改为 = $B5 = "第二车间"，填充色为绿色。

步骤8：将其余行填充为橙色。重复步骤 6，只是"编辑规则说明"处的公式改为= and（$B5<>"第一车间",$B5<>"第二车间"），填充色为橙色（见图 4-28）。

步骤9：选择 A3 到 L28 上下边框为单粗实线，里面为单细实线（见图 4-29），第 5 行（除 A5 单元格外）上边框为双线型，从 B5 单元格始到 B28 单元格左边框为双线型。

图 4-29　在"设置单元格格式"对话框中设置边框

选中 A3 到 L28，单击"开始"→"字体"→"对话框启动器" ，在打开的"设置单元格格式"对话框的"边框"选项卡中，选择线条样式为单粗实线，在预览草图中单击上边和下边，选择线条样式为单细实线，在预览草图中单击里面，并单击去掉左边和右边边框。

步骤10：选中 B5 到 L5，单击"开始"的"字体"的"边框与底纹"下拉按钮 ▼，在列表中选择"线型"为双线，在列表中选择边框为"上框线"。

步骤11：选中 B5 到 B28，单击"开始"的"字体"的"边框与底纹"下拉按钮 ▼，在列表中选择"线型"为双线，在列表中选择边框为"左框线"。

5. 重命名工作表标签

双击 Sheet1 工作表标签，进入工作表标签编辑，删除原有标签内容，输入"业绩表"，按 Enter 键。

6. 保存工作簿

将工作簿保存至"E:\项目\四"，工作簿名字为"业绩表. xlsx"。

任务二　管理业绩表

【任务要求】利用某企业年度生产业绩表中的数据，按照要求对它进行相应数据处理，得到更多需要的信息。

【任务分析】根据已有某企业年度生产"业绩表"数据创建和编辑、美化图表，对数据进行排序、筛选、合并计算、分类汇总以及生成数据透视表。

【知识技能】

一、图表

1. 图表类型

Excel 提供了 11 种标准的图表类型，每一种都包含多种组合和变换。切换到"插入"选项卡上"图表"组右下角的"对话框启动器" 🔲 ，在"插入图表"对话框中即可看到不同的图表。

根据数据的不同和使用要求的不同，可以从各种图表类型（如柱形图或饼图）及其子类型（如三维图表中的堆积柱形图或饼图）中选择不同的图表。

（1）柱形图：由一系列垂直条组成，通常用于比较一段时间中多个项目的相对尺寸，例如不同产品年销售量对比、在几个项目中不同部门的经费分配情况对比等。

（2）折线图：用于显示数据随时间变化的趋势。

（3）饼图：用于显示每个值占总值的比例，整个饼代表总和，每一个组成的值用扇形表示，如不同产品的销售量占总销售量的百分比等。

（4）条形图：由一系列水平条组成，使得对于时间轴上的某一点，两（多）个项目的相对尺寸具有可比性。条形图中的每一个条在工作表中是一个单独的数据点或数。它与柱形图可以互换使用。

（5）面积图：显示一段时间内变动的幅值，以便突出几组数据间的差异。

（6）散点图：也称为 XY 图，用于比较成对的数值以及它们所代表的趋势之间的关系。散点图的重要作用是可以用来绘制函数曲线，从简单的三角函数、指数函数、对数函数到更复杂的混合型函数，都可以准确地绘制出曲线，在教学、科学领域经常用到它。

（7）其他图表：包括股价图、曲面图、圆环图、气泡图或雷达图等图表。

2. 图表组成

一般地，图表包括图表区、图表标题、绘图区、图例、数据系列、数据标签等，但不同类型的图表在组成上稍微有些不同。

以用消费者对 MP5 功能需求数据创建"簇状条形图"为例，如图 4-30 所示。

3. 创建图表

步骤 1：选择图表类型和子图表的类型。

步骤 2：选择制作图表的数据源，一般使用 Ctrl 键选择不连续的多个区域作为数据源。选择列作为数据源，最好将列标题一起选中，它们会用于坐标轴或图示的文字显示。

步骤3：确定系列产生在"行"还是"列"。图表中的每个数据系列具有唯一的颜色或图案，并且在图表的图例中表示，可以在图表中绘制一个或多个数据系列。

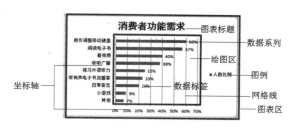

图 4-30　图表组成

步骤4：制作图表选项，包括图表标题、横纵坐标轴标题、数据标签等。

4. 编辑图表

插入图表后，功能区会出现"图表工具 设计""图表工具 布局"和"图表工具 格式"3 个选项卡，如图 4-31、图 4-32 和图 4-33 所示，可以分别对图表的具体细节进行设置、修改和美化。"图表工具 设计"选项卡主要用来更改图表类型、数据源，"图表工具 布局"选项卡主要用来添加或清除图表选项元素。

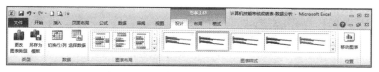

图 4-31　"图表工具 设计"选项卡

图 4-32　"图表工具 布局"选项卡

图 4-33　"图表工具 格式"选项卡

5. 美化图表

利用"图表工具 格式"选项卡可以分别对图表的图表区、绘图区、标题、坐标轴、图例项、数据系列等组成元素进行格式设置。如设置填充颜色、边框颜色和字体等。

还可以右击选中的组成元素，在弹出的快捷菜单中选择"设置×××格式"命令，然后在"设置×××格式"对话框中进行设置（×××随选中对象而改变）。

二、排序

排序是将数据区域按照指定列（关键字）的升序（从小到大递增）或降序（从大到小递减）为依据，重新排列数据行的顺序。

1．排序关键字的顺序

（1）数字：参照数学中的数字比较大小的方法。

（2）日期：先发生的日期小于其后的日期。先比较年，年相同的再比较月，月相同的再比较日。

（3）文本：汉字以拼音字母的递增顺序为升序，先比较第 1 个字母，相同则比较第 2 个字母，以此类推。如"张""卢""李"和"刘"字的拼音分别为"zhang""lu""li"和"liu"，故升序为"李、刘、卢、张"。

（4）优先级：由低到高为无字符、空格、数字、文本字符。

2．列标题

一般地，在选取排序的区域时会将列标题行也选入，以便于排序时在"排序"对话框的"数据包含标题"处可以勾选它，在关键字的下拉列表中可以将数据区域第一行作为选项列出。

若没有标题行，则在选择关键字时，只能看到如图 4-34 所示的"列 A""列 B"这样的选项。

图 4-34　无标题行的关键字下拉列表

3．排序操作

（1）单一关键字排序

步骤 1：选择排序单元格区域。

步骤 2：利用"开始"→"编辑"→"排序和筛选"按钮的下拉列表中的"升序"或"降序"命令，或者单击"数据"→"排序和筛选"→"升序"按钮或"降序"按钮来实现。

（2）多个关键字排序

步骤 1：选择排序单元格区域。

步骤 2：选择"开始"→"编辑"→"排序和筛选"按钮的下拉列表中的"自定义排序"命令或者单击"数据"→"排序和筛选"→"排序"按钮，在弹出的"排序"对话框中设置"主要关键字"、"次要关键字"和更多的"次要关键字"及顺序来实现。

有多个排序关键字时，先按主要关键字的指定顺序排序，若这个关键字没有相同的值，则后面的关键字都不起作用。

若这个关键字有相同的值，则以次要关键字的指定顺序排序。

若主要和次要关键字都相同，则以再次要关键字的指定顺序排序。

三、筛选

筛选实际上是只显示符合筛选条件的行。筛选可以分为自动筛选和高级筛选两种。

1．自动筛选

自动筛选适用于同一列中的"与""或"关系和多列间的"与"关系的筛选，可实现升序排序、降序排序、按颜色排序、筛选该列中的某值或按自定义条件进行筛选，如图 4-35 所示。Excel 会根据应用筛选的列中的数据类型，自动变为"数字筛选""文本筛选"或"日期筛选"。自动筛选完成后，满足条件的行保留且行号呈蓝色，不满足条件的行则隐藏。

步骤 1：将光标定位于待筛选区域内任意单元格或选中筛选单元格区域。

步骤 2：启用自动筛选。单击"开始"→"编辑"→"排序和筛选"按钮，在列表中选择"筛选"命令。

在数据区域的列标题处出现可设置筛选条件的"自动筛选"按钮▼，单击该按钮，打开列选器，在其中选择需要进行的操作。构造了筛选条件的列，其旁边的箭头按钮会变成▼。

也可以单击"数据"→"排序和筛选"→"筛选"按钮▼，或按"Ctrl + Shift + L"快捷键来启用自动筛选。

步骤 3：设置筛选条件。如进行数字的筛选条件设置，可选择等于、不等于、大于、大于等于、小于、小于等于、介于、10 个最大的值（N 个最大或最小的项或百分比）、高于平均值、低于平均值或自定义筛选。

设置筛选条件有以下两点需要特别说明。

①10 个最大的值：用于筛选最大或最小的 N 个项，或百分之 N。在图 4-35 中选择这个选项，打开如图 4-36 所示的"自动筛选前 10 个"对话框，可在其中进行筛选设置。

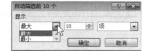

图 4-35　自动筛选的列筛选器　　　　　　　图 4-36　"自动筛选前 10 个"对话框

②大部分的筛选条件都要利用"自定义自动筛选方式"对话框来进行设置。

自定义的条件可以进行等于、不等于、大于、大于等于、小于、小于等于、开头是、开头不是、结尾是、结尾不是、包含、不包含等条件的设置。同一列若为 2 个条件，可利用"与"或"或"关系来连接，如图 4-37 所示。

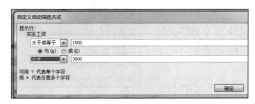

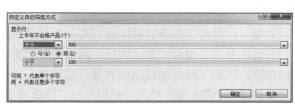

图 4-37　"自定义自动筛选方式"对话框

2. 高级筛选

高级筛选可以指定复杂条件，限制查询结果集中要包括的记录，常用于多列间"或"关系的筛选。

步骤 1：建立条件区域。在原始数据区域之外的单元格区域中输入筛选条件，条件必须包含所在列的列标题和条件表达式。

书写条件时，条件区域中的第一行写的是列标题，第二行写的是比较符和比较值。若两（多）个条件写在同一行，表示两（多）个条件同时满足，即为"与"的关系；若写在不同行，则表示两（多）个条件任意满足一个，即"或"的关系，如图 4-38 所示。

- 区域 A1:A3 表示工资大于 3000 或工资小于 1500。
- 区域 C1:D2 表示工资大于等于 1500 且工资小于 3000。
- 区域 F1:G2 表示性别为男性且工资大于 2000。
- 区域 I1:J3 表示性别为男性或工资大于 2000。
- 区域 L1:M3 表示性别为男性且工资大于 3000，或者性别为男性且工资小于 1500。

步骤 2：启用高级筛选。单击筛选数据区域中的任意一格，单击"数据"→"排序和筛选"→"高级"按钮 ，弹出"高级筛选"对话框（见图 4-39）。

图 4-38　高级筛选条件区域　　　　　　　　图 4-39　"高级筛选"对话框

步骤 3：在"高级筛选"对话框中选择"条件区域"和结果区域。可将筛选的结果放置于原有数据区域或其他区域。若选择"在原有区域显示筛选结果"，则原数据区域中会将满足条件的数据行保留并以蓝色标识行号，隐藏不满足条件的数据行；若选择"将筛选结果复制到其他位置"，则单击结果区域的起始单元格，筛选结果将从选定的单元格开始自动向下向右扩展排列出来。

3. 取消筛选

（1）取消自动筛选：再次单击"筛选"按钮，停用整张表的自动筛选，恢复原始数据的状态；或者，单击"数据"→"排序和筛选"→"清除"按钮 ，清除某列的筛选效果。

（2）取消高级筛选：若结果复制到了其他位置，则直接将结果区域删除；若结果在原有数据区域显示，则可单击"数据"→"排序和筛选"→"清除"按钮 恢复原数据。

四、分类汇总

步骤 1：排序。选中数据区域，按分类汇总中的"分类字段"排序。分类汇总是分类和汇总（统计）两个操作的集合，故需先按分类字段排序，将该字段中相同值的数据行排列到一起。

步骤 2：分类汇总。单击"数据"→"分级显示"→"分类汇总"按钮 ，弹出"分类汇总"对话框（见图 4-40）。

图 4-40　"分类汇总"对话框

步骤 3：确定分类字段和汇总字段及方式的设置。在"分类汇总"对话框中，下拉选择"分类字段"，下拉选择"汇总方式"，勾选"选定汇总项"，单击"确定"按钮。将通过为所选单元格区域自动插入小计和合计，汇总多个相关数据行。

步骤 4：得到分类汇总的结果后，Excel 将分级显示列表、小计和合计，以便显示和隐藏明细数据行。工作表左上角会出现一个 3 级的分级显示符号，单击 1 2 3 按钮可以分别查看 1 级汇总情况、2 级汇总情况和 3 级明细情况。也可以通过单击 + 和 − 按钮来收拢或展开各级明细数据。

五、数据透视表

数据透视表是交互式报表，可以方便地排列和汇总复杂数据，并可进一步查看详细信息。可以将原表中某列的不同值作为查看的行或列，在行和列的交叉处体现另外一个列的数据汇总情况。

数据透视表可以动态地改变版面布局，以便按照不同方式分析数据，也可以重新安排行标签、列标签和值字段及汇总方式，每一次改变版面布局，数据透视表会立即按照新的布局重新显示数据。

另外，如果原始数据发生更改，则可以更新数据透视表。

● 数值：用于显示需要汇总的数值数据。

● 行标签：用于将字段显示为报表侧面的行。

● 列标签：用于将字段显示为报表顶部的列。

● 报表筛选：用于筛选整个报表。

创建数据透视表的步骤如下：

步骤 1：单击放置数据透视表区域的起始单元格。

步骤 2：单击"插入"→"表格"→"数据透视表" ，在下拉列表中选择"数据透视表"命令，打开"创建数据透视表"对话框（见图 4-41）。

步骤 3：在弹出的"创建数据透视表"对话框中，单击"选择一个表或区域"，选取数据区域，单击"选择设置数据透视表的位置"下的"现有工作表"，单击"确定"按钮。

图 4-41 "创建数据透视表"对话框

步骤 4：在"数据透视表字段列表"窗格的"选择要添加到报表的字段"处，勾选数据透视表所需字段名。

步骤 5：在"数据透视表字段列表"窗格的"在以下区域间拖动字段"处，拖动字段名到相应标签处，并设置字段的汇总方式。

步骤 6：回到放置数据透视表结果的工作表，单击相关标签进行自动筛选。

【任务实施】

1. 创建数据图

利用"第一车间"上半年"合格"数据区域制作 1 个簇状柱形图，图表标题"2014-2015 年度上半年合格情况"，X 轴标题"季度"，Y 轴标题"合格（个）"，显示图例（见图 4-43）。

步骤 1：单击"业绩表"工作表的行列交叉处 ，选中整个工作表，复制。单击 Sheet2 工作表的 A1 单元格，右击鼠标，在弹出的快捷菜单中选择"粘贴选项"中的"粘贴数字 123"。

步骤 2：选中 F5 到 F9 和 F16 单元格，单击"插入"→"图表"→"柱形图"下拉按钮 ，在列表中选择"二维柱形图"中的"簇状柱形图"。

步骤 3：单击"图表工具 设计"→"数据"→"选择数据"按钮 ，在打开的"选择数据源"

对话框中单击"图例项（系列）"处的"系列1"，再单击"编辑"按钮，在弹出的"编辑数据系列"对话框中，"系列名称"选取D3单元格，"系列值"为步骤2中所选范围。单击"确定"按钮。

步骤4：在打开的"选择数据源"对话框中（见图4-42）单击"水平（分类）轴标签（C）"处的"1"，再单击"编辑"按钮，在弹出的"轴标签"对话框中选择D5到D9和D16单元格，单击"确定"按钮。

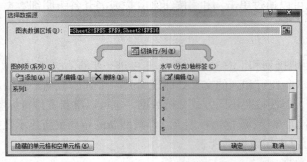

图4-42 "选择数据源"对话框

步骤5：在打开的"选择数据源"对话框中单击"确定"按钮。

步骤6：单击"图表工具 布局"→"标签"→"图表标题"下拉按钮，在列表中选择"图表上方"，插入图表标题。单击图表标题编辑区，删除原有标题，输入"2014-2015年度上半年合格情况"。

步骤7：单击"图表工具 布局"→"标签"→"坐标轴标题"下拉按钮，在列表中选择"主要横坐标轴标题"的"坐标轴下方标题"，插入横坐标轴标题。单击横坐标轴标题编辑区，删除原有坐标轴标题，输入"季度"。

步骤8：单击"图表工具 布局"→"标签"→"坐标轴标题"下拉按钮，在列表中选择"主要纵坐标轴标题"的"旋转过的标题"，插入纵坐标轴标题。单击纵坐标轴标题编辑区，删除原有坐标轴标题，输入"合格（个）"。

步骤9：右击横坐标轴处，在弹出的"设置坐标轴格式"对话框（见图4-43）中，"线条颜色"选择"无线条"，清除横坐标轴线条。同理清除纵坐标轴线条。

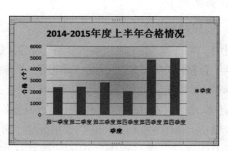

图4-43 在"设置坐标轴格式"对话框中设置线条

步骤 10：单击"图表工具 布局"→"坐标轴"→"坐标轴"下拉按钮，在列表中选择"主要纵坐标轴"的"无"，清除纵坐标轴。

步骤 11：单击图表绘图区，单击"图表工具 格式"→"形状样式"→"形状填充"下拉按钮，选择"标准色"蓝色、"渐变"中"浅色变体"的"中心辐射"。

步骤 12：重命名 Sheet2 为"图表"。保存工作簿。

2. 排序

按"车间"升序排列，"车间"相同的再按"季度"升序排列。

步骤 1：单击"图表"工作表，选中 A1 到 L28，复制，单击 Sheet3 工作表的 A1 单元格，粘贴。

步骤 2：选中 A5 到 L28，单击"数据"→"排序"→"排序"按钮，打开"排序"对话框。

步骤 3：在"排序"对话框中，"主要关键字"下拉列表选择"列 B"（即车间列），"排序依据"下拉列表选择"数值"，"次序"下拉列表选择"升序"，单击"添加条件"按钮，在新出现的"次要关键字"下拉列表中选择"列 D"（即季度列），"排序依据"下拉列表选择"数值"，"次序"下拉列表选择"升序"（见图 4-44），单击"确定"按钮。

图 4-44 "排序"对话框

步骤 4：重命名 Sheet3 工作表为"排序"。保存工作簿。

3. 自动筛选

自动筛选上半年不合格产品数大于等于 100 且小于 300、合格产品数大于等于 5000 且小于 8000 的行。

步骤 1：单击工作表标签处的"插入工作表"按钮，插入 1 个新的工作表，重命名为"自动筛选"。

步骤 2：单击"图表"工作表，选中 A1 到 L28，复制，单击"自动筛选"工作表的 A1 单元格，粘贴。

步骤 3：将 A3 单元格内容移动到 A4 中，同样地，将 B3、C3、D3 单元格的内容分别移动到 B4、C4 和 D4 中。

步骤 4：双击 E4 单元格进入编辑状态，在原有单元格内容前输入"上半年"，对 F4 到 H4 单元格内容进行同样的修改。双击 I4 单元格进入编辑状态，在原有单元格内容前输入"下半年"，对 J4 到 L4 单元格内容进行同样的修改。

步骤 5：鼠标拖动"自动筛选"工作表标签，复制"自动筛选（2）"工作表，重命名为"原始数据"。

步骤 6：切换到"自动筛选"工作表，选中 A4 到 L4，单击"数据"→"排序和筛选"→"筛选"按钮，各列字段右边都出现"▾"下拉选择按钮。

步骤 7：单击 E4 单元格（上半年不合格产品（个））右边的下拉按钮，在列表中选择"数字筛选"的"自定义筛选",在弹出的"自定义自动筛选方式"对话框中,选择比较符,输入比较数值,如图 4-45 所示,单击"确定"按钮。

步骤 8:单击 F4 单元格(上半年合格产品(个))右边的下拉按钮,在列表中选择"数字筛选"的"自定义筛选",在弹出的"自定义自动筛选方式"对话框中,选择比较符,输入比较数值,如图 4-45 所示,单击"确定"按钮。

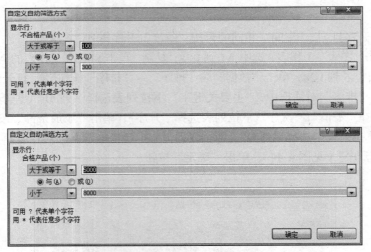

图 4-45　"自定义自动筛选方式"对话框

步骤 9:保存工作簿。

4. 高级筛选

高级筛选第一车间或第二车间上半年不合格产品数大于等于 100 且小于 300 的行。条件区域、结果区域均放置原数据区域下面。

步骤 1:单击工作表标签处的"插入工作表"按钮 ，插入 1 个新的工作表,重命名为"高级筛选"。

步骤 2:选取整个"原始数据"工作表,复制。单击"高级筛选"工作表的 A1 单元格,粘贴。

步骤 3:制作条件区域。在各单元格中输入或复制如图 4-46 所示的文字。

图 4-46　"高级筛选"条件区域

图 4-47　"高级筛选"对话框

步骤 4:选中 A4 到 L28,单击"数据"→"排序和筛选"→"高级"按钮 ，打开"高级筛选"对话框。

步骤 5:在"高级筛选"对话框中,选择"列表区域"、"条件区域",单击"方式"的"将筛选结果复制到其他位置",再选择"复制到"为 A35 单元格(见图 4-47),单击"确定"按钮。从 A35 单元格开始显示高级筛选结果。

步骤 6:保存工作簿。

5. 合并计算

按车间名称将上半年、下半年数据合并计算出全年数据。

步骤 1：单击工作表标签处的"插入工作表"按钮，插入 1 个新的工作表。

步骤 2：单击"图表"工作表，选中 A3 到 L28，复制，单击新工作表的 A1 单元格，粘贴。将 A1 单元格的内容移动到 A2 中，同样地，将 B1、C1、D1 单元格的内容分别移动到 B2、C2 和 D2 中。

步骤 3：删除 G 列到 L 列，并重命名新工作表为"上半年"。

步骤 4：单击工作表标签处的"插入工作表"按钮，再插入 1 个新的工作表。

步骤 5：重复步骤 2。删除 E 列到 H 列和 K 列、L 列，并重命名新工作表为"下半年"。

步骤 6：单击工作表标签处的"插入工作表"按钮，插入 1 个新的工作表。并重命名工作表为"年度"。

步骤 7：单击"年度"工作表的 A1 单元格，单击"数据"→"数据工具"→"合并计算"按钮，打开"合并计算"对话框。

步骤 8：在"合并计算"对话框中，"函数"下拉列表中选择"求和"，在"引用位置"处单击"展开"按钮选取"上半年"工作表的 B2 到 F26，再单击"添加"按钮，单击"展开"按钮选取"下半年"工作表的 B2 到 F26。勾选"标签位置"的"首行""最左列"，单击"确定"按钮（见图 4-48）。

图 4-48 "合并计算"对话框和合并结果

步骤 9：单击 A1 单元格，输入"车间"。保存工作簿。

6. 分类汇总

以"车间"为分类字段，将"上半年不合格产品（个）""上半年合格产品（个）""上半年合格率""下半年不合格产品（个）""下半年合格产品（个）""下半年合格率"进行"平均值"分类汇总。

步骤 1：单击工作表标签处的"插入工作表"按钮，插入 1 个新的工作表，重命名为"分类汇总"。

步骤 2：选取整个"原始数据"工作表，复制。单击"分类汇总"工作表的 A1 单元格，粘贴。

步骤 3：选择 A4 到 L28，按"车间"笔划升序排序。

步骤 4：选择 A4 到 L28，单击"数据"→"分级显示"→"分类汇总"按钮，打开"分类汇总"对话框。

步骤 5：在"分类汇总"对话框中，"分类字段"下拉列表选择"车间"，"汇总方式"下拉列表选择"平均值"，"选定汇总项"勾选"上半年不合格产品（个）""上半年合格产品（个）""上半年合格率""下半年不合格产品（个）""下半年合格产品（个）""下半年合格率"，单击"确定"

按钮，如图 4-49 所示。

步骤 6：单击工作表左上角的"2"级，只显示小计和总计（见图 4-49）。

步骤 7：保存工作簿。

7. 数据透视表

以"车间"为分页，"产品规格"为列，"季度"为行，"上半年总数（个）""下半年总数（个）"为求和项，"上半年合格率""下半年合格率"为平均项，在现有工作表"数据透视表"的 A1 单元格处，建立数据透视表。

步骤 1：单击工作表标签处的"插入工作表"按钮，插入 1 个新的工作表，重命名为"数据透视表"。

步骤 2：单击"数据透视表"工作表的 A1 单元格，单击"插入"→"表格"→"数据透视表"下拉按钮选择"数据透视表"，在弹出的"创建数据透视表"对话框中，选中"选择一个表或区域"。选取"原始数据"工作表的 A4 到 L28，在"选择放置数据透视表的位置"处选中"现有工作表"（见图 4-50（a）），单击"确定"按钮。

图 4-49 "分类汇总"对话框和"分类汇总"显示级别

步骤 3：在"数据透视表字段列表"窗格的"选择要添加到报表的字段"处，勾选"车间""产品规格""季度""上半年总数（个）""上半年合格率""下半年总数（个）""下半年合格率"（见图 4-50（b））。

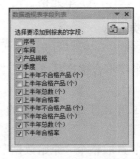

图 4-50 （a）"创建数据透视表"对话框　　图 4-50 （b）"数据透视表字段列表"对话框

步骤 4：在"数据透视表字段列表"窗格的"在以下区域间拖动字段"处，将"车间"拖动到"报表筛选"，"行标签"为"季度"，将"产品规格"拖动到"列标签"（见图 4-50（c）），在"数值"处，单击"求和项：上半年合格率"的下拉按钮，在列表中选择"值字段设置"。在打开的"值字段设置"对话框中选择"值汇总方式"为"平均值"，同样操作"求和项：下半年合格率"（见图 4-50（d））。

图 4-50 （c）创建标签

图 4-50 （d）"值字段设置"对话框

步骤 5：回到"数据透视表"工作表，单击 B1 单元格，下拉选择"第一车间"，单击 A5 单元格，下拉选择"第一季度"，单击 B3 单元格，下拉选择"G-06"。

步骤 6：选中"平均值项：上半年合格率""平均值项：下半年合格率"中的所有数值，格式化为百分比，且保留 2 位小数。

8. 保存工作簿

任务三 打印业绩表

【任务要求】将工作簿中的"业绩表"进行页面设置打印预览。

【任务分析】对已格式化的"业绩表"工作表进行页边距、页面方向、纸张大小、页眉页脚、打印标题等页面设置，并打印预览。

【知识技能】

一、页面设置和打印预览

1. 页面设置

步骤 1：单击"页面布局"→"页面设置"组右下角的"对话框启动器" ，弹出"页面设置"对话框。

步骤 2：在"页面设置"对话框中，切换到"页边距"选项卡，设置上、下、左、右页边距（见图 4-51）。

步骤 3：切换到"页眉/页脚"选项卡，在"页眉"下拉列表中选择预设的页眉，或者单击"自定义页眉"，在弹出的对话框中输入自己的页眉内容（见图 4-52），单击"确定"按钮。

图 4-51 设置页边距

图 4-52 设置页眉

步骤 4：在"页脚"下拉列表中选择预设的页脚，或者单击"自定义页脚"，在弹出的对话框中输入自己的页脚内容（见图 4-53）。

图 4-53　设置页脚

步骤 5：设置打印标题。切换到"工作表"选项卡，按实际打印需要，选择"顶端标题行"或"左端标题列"，单击右侧的"展开"按钮，在工作表中选择打印标题所在范围（见图 4-54）。

图 4-54　设置"打印标题"

2. 打印和打印预览

步骤 1：在"页面设置"对话框中，单击"打印预览"按钮。或者单击菜单"文件"选项卡的"打印"命令，在窗口的右边呈现出打印的预览效果，如图 4-55 所示。

步骤 2：如果需要打印，则单击"打印"按钮。

【任务实施】

步骤 1：单击"业绩表"工作表。

步骤 2：单击"页面布局"→"页面设置"组右下角的"对话框启动器"，弹出"页面设置"对话框。

步骤 3：在"页面设置"对话框中，切换到"页边距"选项卡，设置上、下、左、右页边距。

步骤 4：切换到"页眉和页脚"选项卡，单击"自定义页眉"，在弹出的对话框中，单击"中"文本框，输入自己的页眉内容"各季度各车间合格情况表"，单击"确定"按钮。

步骤 5：在"页脚"下拉列表中单击"自定义页脚"，在弹出的对话框中，单击"中"文本框，单击"插入日期"按钮，再单击"插入时间"按钮；单击"右"文本框，单击"插入页码"

按钮 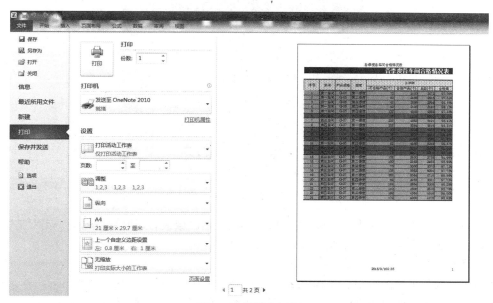。

步骤 6：设置打印标题。切换到"工作表"选项卡，选择"顶端标题行"，单击右侧的"展开"按钮，在工作表中选择$1:$4，单击"确定"按钮。

步骤 7：在"页面设置"对话框中，单击"打印预览"按钮。在窗口的右边呈现出打印的预览效果。

图 4-55　预览和打印

【综合练习】

创建一个名为"职工表"的工作簿，对其进行格式化，并利用数据制作数据图，进行数据处理。具体要求如下。

（1）创建一个工作簿文件，文件名为"职工表.xlsx"，并将 Sheet1 工作表重命名为"职工表"，输入如图 4-56 所示数据。

	A	B	C	D	E	F	G	H	I
1	XX公司职工情况表								
2	序号	部门号	职工号	职工名称	性别	工作岗位	津贴	工作日期	工资
3	1	信息部	157	李鸿	男	办事员	690	1990/12/17	925
4	2	销售部	287	张国庆	女	销售员	486	1991/2/20	1725
5	3	销售部	309	孙越	女	销售员	486	1991/2/22	1405
6	4	信息部	354	张一	男	部门经理	627	1991/4/2	3100
7	5	销售部	442	胡虎	男	销售员	486	1991/9/28	1405
8	6	销售部	486	李五一	男	部门经理	627	1991/5/1	2975
9	7	人事部	570	陈元	男	部门经理	627	1991/6/9	2575
10	8	信息部	576	方芳	女	分析员	354	1991/11/9	3125
11	9	人事部	627	赵一凡	男	总经理		1991/11/17	5125
12	10	销售部	632	耿云	女	销售员	486	1991/9/8	1625
13	11	信息部	664	孟三	男	办事员	576	1991/9/23	1225
14	12	销售部	688	赵永刚	男	办事员	486	1991/12/3	1075
15	13	信息部	690	王四	女	分析员	354	1991/12/3	3125
16	14	人事部	722	黄中英	女	办事员	570	1992/1/23	1425

图 4-56　"职工表"效果图

（2）复制"职工表"工作表，对该工作表副本格式化，效果如图 4-57 所示。

①设置单元格区域 A1：I1 合并后居中，其他数据范围垂直居中。

②设置合并后的单元格 A1，字体为隶书，字号为 22、加粗，字色为白色，底纹（填充）为蓝色，其他数据范围，即 A2 到 I16，字体为宋体，字号为 12。

③设置单元格区域 H3:H16 为短日期，单元格区域 G3:G16，加上人民币符号，并且保留 2 位小数，单元格区域 I3 到 I16，保留 2 位小数，使用千分位。

④将"工资"列中的数据单元格按条件设置格式：数据小于 1500，则单元格背景色为红色，数据介于 [1500，3000]，则单元格背景色为绿色，数据大于 3000，则单元格背景色为蓝色。

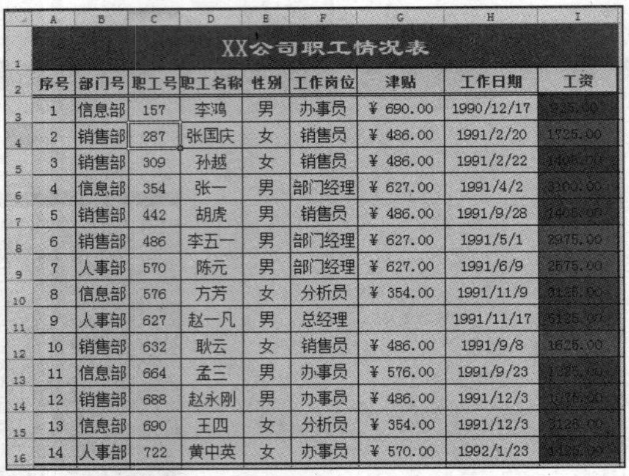

图 4-57 "职工表"副本格式化效果图

（3）将"职工表"工作表复制成"计算表"，在数据区域最右边增加报刊费、实发工资列。

①设置女职工的报刊费为 100，男职工的报刊费为 80。

②计算所有人员的实发工资。

③在所有人员下面的行中，计算津贴、工资、报刊费和实发工资的最高值。

④计算实发工资超过 3000 元（含）的职工人数，结果放在数据区域最下面。

⑤按实发工资降序排序，计算各职工的实发工资排名。

（4）利用"计算表"中李鸿的津贴、工资、报刊费和实发工资数据，创建分离型三维饼图。

（5）复制"职工表"工作表到"排序"工作表，以部门号为主要关键字升序排列、实发工资为次要关键字降序排列。

（6）复制"职工表"工作表到"自动筛选"工作表，自动筛选性别为"男"、工资小于 1500 的行。

（7）复制"职工表"工作表到"高级筛选"工作表，高级筛选津贴大于 600、工资大于 1500 且报刊费为 80 的数据。

（8）复制"职工表"工作表到"分类汇总"工作表，分类汇总各部门的津贴、工资、实发工资的均值，并只查看 2 级。

（9）复制"职工表"工作表到"数据透视表"工作表，以"数据"工作表中的部门号为行、性别为列，统计各部门不同性别人员的最高实发工资，并最终查看各部门女职工的最高实发工资。

【实用技巧】

1. 批注中插入图片

插入批注后，右击鼠标并在弹出的快捷菜单中选择"设置批注格式"，打开"设置批注格式"对话框，在"颜色与线条"选项卡中，"填充"颜色下拉列表选择"填充效果"为图片，选择要在批注中插入的图片名。

2. 在表中查找重复值

选择数据区域，在列表中选择"突出显示单元格规则"中的"重复值"，在弹出的"重复值"

对话框中下拉选择"重复值"，下拉选择格式或自定义格式，表中重复数据会按指定格式显示出来。

3. 删除选择区域的重复行

选择数据区域，单击"数据"→"数据工具"→"删除重复项"下拉按钮▓▓，则选择区域的数据会按行进行比较，并删除选择区域中的重复行。

4. 插入任意行空白行

选取某行并把光标放在行号右下角，按下 Shift 键时，光标变成夹子状，拖拉鼠标，则拖拉多少行，就会插入多少行空白行。

5. 快速移动列

选中需要移动的列，光标放在边线处，按 Shift 键的同时按住鼠标左键不放，拖动到目标位置列前面，当目标位置列前面出现虚线时，松开鼠标左键即完成列的移动。

6. 快速将多个单元格内容合并到一个单元格中并分行显示

选中多个单元格，复制，再双击放置合并结果的单元格，点击剪贴板中已复制的内容。

7. 跨列居中

合并单元格总会带来复制或计算上的麻烦，因此需要居中显示时，用"跨列居中"实现。

8. 搜索函数

利用函数计算时，如果不知道用哪个函数，可以在"插入函数"对话框的"搜索函数"框中输入查找函数功能内容，单击"转到"，则会按照查找功能内容显示函数名和函数格式。

专题五

PowerPoint 2010 应用

任务一 项目介绍演示文稿的制作

【**任务要求**】利用 PowerPoint 制作介绍、展示一个项目的多媒体演示文稿。最终效果如图 5-1 所示。

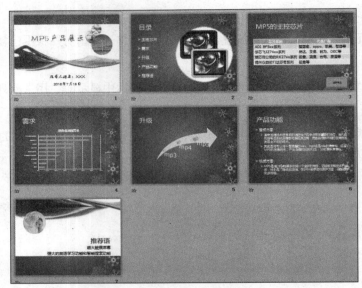

图 5-1 "项目介绍演示文稿"效果

【**任务分析**】PowerPoint 是常用的幻灯片制作工具，可以设计制作用于演讲、教学、商务展示、广告宣传、产品展示等宣讲活动的多媒体演示文稿。用户借助 PowerPoint 创建、编辑、格式化等操作，在幻灯片中添加图片、剪贴画、艺术字、表格、视频、音频等，选用主题、背景，使演示文稿达到更好的效果。

【**知识技能**】

一、启动和退出 PowerPoint

1．启动和退出 PowerPoint

与 Word、Excel 类似，有很多种方式可以启动 PowerPoint。

（1）使用"开始"菜单：单击"开始"按钮, 在弹出的"开始"菜单中选择"所有程序"中"Microsoft Office"中的"Microsoft PowerPoint 2010"菜单项，即可启动 PowerPoint 2010。

（2）使用桌面快捷图标：双击桌面上的"Microsoft PowerPoint 2010"快捷图标, 即可启动 PowerPoint 2010。

（3）双击 PowerPoint 演示文稿文件，例如 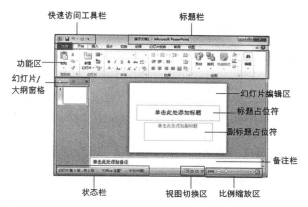 第三章 。

2. 关闭文档

（1）使用"关闭"按钮：直接单击电子表格窗口标题栏中的"关闭"按钮 ⊠ 。

（2）使用右键快捷菜单：在标题栏空白处右击鼠标，从弹出的快捷菜单中选择"关闭"菜单项。

（3）使用"Excel"按钮：在"快速访问工具栏"的左上角单击"PowerPoint"按钮 ，在弹出的下拉菜单中选择"关闭"菜单项。

二、PowerPoint 2010 的工作界面

其窗口由标题栏、菜单栏、工具栏、幻灯片/大纲窗格、幻灯片编辑区、备注栏等部分组成，如图 5-2 所示。

图 5-2　PowerPoint 2010 的窗口组成

由于同为 Microsoft Office 系列软件，PowerPoint 2010 的窗口与 Word 2010 以及 Excel 2010 工作窗口基本相同，所不同的是它的工作窗口分为 3 个部分。

三、PowerPoint 2010 演示文稿的创建

1. 创建演示文稿

一般情况下，启动 PowerPoint 2010 时会自动创建一个空白演示文稿。在演示文稿窗口中，单击菜单"文件"，在左侧窗格中选择"新建"菜单项，可以在右侧窗格的"可用的模板和主题"列表中选择"空白演示文稿""最近打开的模版""样本模板""主题"等多种新建演示文稿的方法，如图 5-3 所示。

2. 演示文稿

演示文稿是一个利用 PowerPoint 制作出来的文件。

演示文稿中的每一页就叫幻灯片，每张幻灯片都是演示文稿中既相互独立又相互联系的内容。利用它可以更生动直观地表达内容，图表和文字都能够清晰、快速地呈现出来。

每张幻灯片一般包括幻灯片标题和若干文本条目，还可以插入图片、动画、备注和讲义等丰富的内容。

如果演示文稿由多张幻灯片组成，通常第一张幻灯片单独显示演示文稿的主标题和副标题，其他幻灯片分别显示子标题和文本条目。

图 5-3 新建演示文稿

3. PowerPoint 2010 的视图

PowerPoint 2010 中可用于编辑、打印和放映演示文稿的视图有普通视图、幻灯片浏览视图、备注页视图、阅读视图、母版视图和幻灯片放映视图（包括演示者视图）。

（1）用于编辑演示文稿的视图

①普通视图

它是主要的编辑视图，可用于撰写和设计演示文稿，如图 5-4 所示。普通视图有 4 个工作区域。

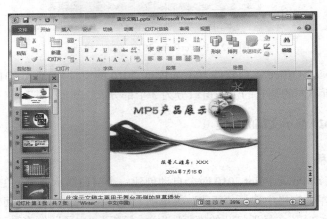

图 5-4 幻灯片普通视图

- "大纲"选项卡。此区域是开始撰写内容的理想场所。在这里，可以捕获灵感，计划如何表述它们，并能移动幻灯片和文本。"大纲"选项卡以大纲形式显示幻灯片文本。

- "幻灯片"选项卡。在编辑时以缩略图大小的图像在演示文稿中观看幻灯片。使用缩略图能方便地遍历演示文稿，并观看任何设计更改的效果。在这里还可以轻松地重新排列、添加或删除幻灯片。

- "幻灯片"窗格。在 PowerPoint 窗口的右上方，"幻灯片"窗格显示当前幻灯片的大视图。在此视图中显示当前幻灯片时，可以添加文本，插入图片、表格、SmartArt 图形、图表、图形对象、文本框、电影、声音、超链接和动画。

- "备注"窗格。在"幻灯片"窗格下的"备注"窗格中，可以键入要应用于当前幻灯片的备注。以后可以将备注打印出来并在放映演示文稿时进行参考。还可以将打印好的备注分发给受众，或者将备注包括在发送给受众或发布在网页上的演示文稿中。

②幻灯片浏览视图

幻灯片浏览视图可查看缩略图形式的幻灯片。通过此视图，在创建演示文稿以及准备打印演示文稿时，将可以轻松地对演示文稿的顺序进行排列和组织，如图 5-5 所示。还可以在幻灯片浏览视图中添加节，并按不同的类别或节对幻灯片进行排序。

③备注页视图

以整页格式查看和使用备注。

④母版视图

母版视图包括幻灯片母版视图、讲义母版视图和备注母版视图。它们是存储有关演示文稿的设计模板信息的主要幻灯片，其中包括背景、颜色、字体、效果、占位符大小和位置，如图 5-6 所示。

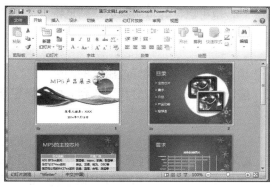

图 5-5 幻灯片浏览视图　　　　　　　　图 5-6 幻灯片母版视图

使用母版视图的一个主要优点在于，在幻灯片母版、备注母版或讲义母版上，可以对与演示文稿关联的每个幻灯片、备注页或讲义的样式进行全局更改。

（2）用于放映演示文稿的视图

①幻灯片放映视图

幻灯片放映视图可用于向受众放映演示文稿。幻灯片放映视图会占据整个计算机屏幕，这与受众观看演示文稿时在大屏幕上显示的演示文稿完全一样，可以看到图形、计时、电影、动画效果和切换效果在实际演示中的具体效果。按 Esc 键，可退出幻灯片放映视图。

②演示者视图

演示者视图是一种可在演示期间使用的基于幻灯片放映的关键视图。借助两台监视器，可以运行其他程序并查看演示者备注，而这些是受众所无法看到的。若要使用演示者视图，请确保计算机具有多监视器功能，同时也要打开多监视器支持和演示者视图。

③阅读视图

阅读视图用于向用自己的计算机查看演示文稿的人员而非受众（例如通过大屏幕）放映演示文稿。如果希望在一个设有简单控件以方便审阅的窗口中查看演示文稿，而不想使用全屏的幻灯片放映视图，则也可以在自己的计算机上使用阅读视图。如果要更改演示文稿，可随时从阅读视图切换至某个其他视图。

（3）视图切换的方法

①单击"视图"→"演示文稿视图"组和"母版视图"组中的相应按钮，可进行视图的切换，

如图 5-7 所示。

图 5-7　演示文稿的视图切换

②在 PowerPoint 窗口右下角有一个易用的栏，其中提供了各个主要视图（普通视图、幻灯片浏览视图、阅读视图和幻灯片放映视图），单击相应按钮可实现相应视图的切换。

4．幻灯片版式

幻灯片版式包含要在幻灯片上显示的全部内容的格式设置、位置和占位符。版式也包含幻灯片的主题、字体、效果。

PowerPoint 中包含 9 种内置幻灯片版式（见图 5-8），也可以设计母版来创建满足特定需求的自定义版式。

选择或修改幻灯片版式的操作如下。

步骤 1：在"幻灯片/大纲"窗格的"幻灯片"选项卡中，单击需要修改版式的幻灯片。

步骤 2：单击"开始"→"幻灯片"→"版式"按钮 ▦版式▾，在幻灯片版式列表中选择想修改的幻灯片版式。

5．占位符

占位符是版式中的容器，可容纳如文本（包括正文文本、项目符号列表和标题）、表格、图表、SmartArt 图形、影片、声音、图片及剪贴画等内容。在插入对象之前，占位符中是一些提示性的文字或小图标，如图 5-9 所示。

图 5-8　幻灯片版式

图 5-9　带有占位符的幻灯片

输入文本或插入对象的操作如下。

（1）在占位符中插入。

步骤 1：单击占位符内的任意位置，将显示虚线框。

步骤 2：在虚线框内输入文本内容或插入对象。

（2）在占位符外插入。

步骤 1：若在占位符以外的位置输入文本，则单击"插入"→"文本"→"文本框"，先插入一个文本框，然后在文本框中输入内容，插入的文本框将随输入文本的增加而自动向下扩展。

步骤 2：若想在占位符以外的位置插入图片、艺术字、视频、音频等对象，则可以直接利用"插入"选项卡插入，然后利用鼠标调整位置。

四、幻灯片操作

在创建演示文稿的过程中，可以调整幻灯片的先后顺序，也可以插入幻灯片或删除不需要的幻灯片，而这些操作若是在幻灯片浏览视图方式下进行，则非常方便和直观。

1. 插入新幻灯片

默认情况下，新建空白演示文稿时只包含一张幻灯片，但通常演示文稿由多张幻灯片组成。通过以下 4 种方法，在当前演示文稿中添加新的幻灯片。

（1）快捷键法。按"Ctrl + M"快捷键，快速添加一张空白幻灯片。

（2）Enter 键法。将鼠标定位在左侧幻灯片缩略图中的相应位置，然后按 Enter 键，同样可以快速插入一张新的空白幻灯片。

（3）命令法。单击"开始"→"幻灯片"→"新建幻灯片"按钮 🖺，也可以新增一张空白幻灯片。

（4）快捷菜单法。将鼠标定位在左侧幻灯片缩略图中的相应位置，然后右击鼠标，在弹出的快捷菜单中选择"新建幻灯片"命令。

2. 切换当前幻灯片

编辑或修饰某张幻灯片内容时，需先切换到该幻灯片。在"幻灯片/大纲"窗格的"幻灯片"选项卡中，单击该幻灯片，使它成为当前幻灯片。

3. 选定幻灯片

在幻灯片浏览视图方式下，单击某幻灯片可以选定该张幻灯片。选定某幻灯片后，按住 Shift 键的同时再单击另一张幻灯片，可选定连续的若干张幻灯片；按住 Ctrl 键依次单击各幻灯片，可选取不连续的若干张幻灯片。

4. 复制、移动幻灯片

选中左侧幻灯片缩略图中要复制或移动的幻灯片，右击鼠标并在弹出的快捷菜单里选择"复制"或"剪切"命令，将光标定位到欲粘贴的位置页面间的空白处，右击鼠标并在弹出的快捷菜单中选择"粘贴"命令即可。

复制、移动操作均可多选，按下 Ctrl 键然后单击选中想要复制的多张幻灯片，重复上面的操作即可。

5. 删除幻灯片

选中左侧幻灯片缩略图中要删除的幻灯片，右击鼠标并在弹出的快捷菜单里选择"删除幻灯片"命令或者按 Delete 键就能将幻灯片删除。删除幻灯片操作同样可以批量操作。

五、修饰幻灯片

1. 主题

主题是一套统一的设计元素和配色方案，是为文档提供的一套完整的格式集合。包括主题颜色（配色方案的集合）、主题字体（标题字体和正文字体）和相关主题效果（包括线条和填充效果）。利用主题，可以统一文档风格。

PowerPoint 提供了多种设计主题，包含协调配色方案、背景、字体样式和占位符位置。使用预先设计的主题，可以轻松快捷地更改演示文稿的整体外观。

默认情况下，PowerPoint 会将普通 Office 主题应用于新的空演示文稿。但是，也可以通过应用不同的主题来轻松地更改演示文稿的外观。

2. 背景

幻灯片的背景是每张幻灯片底层的色彩和图案，在背景之上，可以放置其他的图片或对象。利用"背景"对话框可以调整幻灯片背景，用以改变整张或所有幻灯片的视觉效果，使演示文稿独具特色。

设置演示文稿主题和背景的步骤如下。

步骤 1：单击"设计"→"主题"→"其他"按钮 ，在列表中选择"内置"主题，或者单击列表下方的"浏览主题"选项，选择本地机上的其他主题（见图 5-10）。

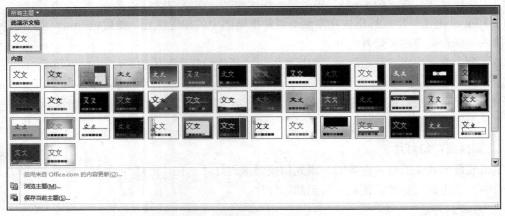

图 5-10　演示文稿的"所有主题"

步骤 2：单击" 背景样式 "选择背景样式，还可以自定义背景格式：单击"设计"→"背景"→" 背景样式 "列表的"设置背景格式"或单击"设计"→"背景"→"对话框启动器"按钮 ，打开"设置背景格式"对话框（见图 5-11）进行背景格式设置。

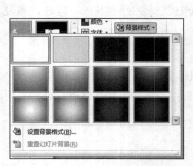

图 5-11　"设置背景格式"对话框

3. 幻灯片母版

幻灯片母版是模板的一部分，存储有关演示文稿的主题和幻灯片版式的信息，包括背景、颜色、字体、效果、占位符的大小和位置。

幻灯片母版的修改和使用能对所有幻灯片进行统一的样式更改，给幻灯片的编辑工作带来方便。创建和编辑幻灯片母版或相应版式是在"幻灯片母版"视图下，利用"幻灯片母版"功能选项卡中的各按钮进行操作。

步骤 1：单击"视图"→"母版视图"→"幻灯片母版"按钮 ，进入"幻灯片母版"视图（见图 5-12）。

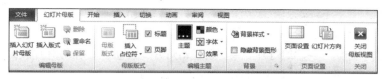

图 5-12 "幻灯片母版"选项卡

步骤 2：编辑幻灯片母版。在"幻灯片母版"视图左侧幻灯片缩略图窗格中的第 1 个母版（比其他母版大）中设置的内容和格式将影响当前演示文稿的所有幻灯片。

步骤 3：编辑幻灯片版式母版。在某个具体版式母版中进行的设置只影响使用了相应幻灯片版式的幻灯片。

步骤 4：编辑完成后，单击"幻灯片母版"→"关闭"→"关闭幻灯片母版"按钮 ，退出母版编辑窗口。

【任务实施】

一、启动 PowerPoint，创建空白演示文稿并保存

步骤 1：单击任务栏上的"开始"按钮 ，在弹出的"开始"菜单中选择"所有程序"→"Microsoft Office 2010"→"Microsoft PowerPoint 2010"，启动 PowerPoint 2010，打开演示文稿窗口。

步骤 2：单击"快速访问工具栏"中的"保存"按钮 。

步骤 3：在"另存为"对话框中设置"保存位置"为"E:\项目\五"，"文件名"为"项目介绍.pptx"，单击"保存"按钮 。保存时，还可以选择"保存类型"为"PowerPoint 97-2003 演示文稿（*.ppt）。"

二、制作幻灯片

1．制作封面幻灯片（第 1 张）

步骤 1：删除"单击此处添加标题"占位符，单击"插入"→"文本"→"艺术字"按钮 ，在弹出的下拉列表中选择第 4 行第 3 列的选项"渐变填充-黑色，轮廓-白色，外部阴影"，此时即可在幻灯片中插入一个艺术字文本框。

步骤 2：在"请在此放置您的文字"文本框中输入"MP5 产品展示"，单击"开始"→"字体"组设置文字字体为"方正舒体"，字号"60"。

步骤 3：单击"单击此处添加副标题"占位符，输入文字"报告人姓名：×××"，按 Enter 键，单击"插入"→"文本"→"日期和时间"按钮 ，在"日期和时间"对话框中选择"可用格式"为中文、年月日格式。

步骤 4：选中副标题占位符，单击"开始"→"段落"→"居中"按钮 。

步骤 5：单击"插入"→"图像"→"图片"按钮 ，打开"插入图片"对话框。

步骤 6：在对话框中选择"E:\项目\五"中的图片"mp5bg1.jpg"。单击"插入"按钮，将图片插入到幻灯片中。

步骤 7：重复步骤 5 和步骤 6，分别插入"mp5bg2.png"～"mp5bg4.png"3 张图片。

步骤 8：选中步骤 6 中插入的图片，在选中区域右击鼠标并在快捷菜单中选择"置于底层"中的"置于底层"。

步骤 9：分别选中艺术字、步骤 7 中插入的 3 张图片、副标题占位符，用鼠标移动到适当的位置。

步骤 10：单击"备注"窗格，定位光标。输入备注文字"此演示文稿主要用于舞台两侧的屏幕播放。"

2. 制作目录幻灯片（第 2 张）

步骤 1：单击"开始"→"幻灯片"→"新建幻灯片"按钮 📄，在幻灯片版式列表中选择"标题和内容"版式，插入一张"标题和内容"版式的空白幻灯片。

步骤 2：在标题占位符中输入"目录"，单击"开始"→"字体"组和"段落"组设置字体"微软雅黑，44"和段落格式"文本左对齐"。

步骤 3：在文本占位符中输入 5 项主要内容"主控芯片 需求 升级 产品功能 推荐语"。

步骤 4：选中文本占位符的 5 项主要内容，单击"开始"→"字体"组和"段落"组设置字体"微软雅黑，28"和段落格式"文本左对齐"。

步骤 5：单击"开始"→"段落"→"项目符号"按钮 ≡，在列表中选择"箭头项目符号"。单击"段落"组的"行距"按钮 ≡，在列表中勾选"1.5"。

步骤 6：单击"插入"→"图像"→"图片"按钮 🖼，打开"插入图片"对话框。

步骤 7：在对话框中选择"E:\项目\五"中的图片"mp51.png"。单击"插入"按钮，将图片插入到幻灯片中。

步骤 8：单击图片，单击"图片工具 格式"→"图片样式"组右下角的"其他"按钮 ▾，在列表中选择"柔化边缘椭圆"。

步骤 9：调整文本占位符和图片的大小和位置。

3. 制作第 3 张幻灯片

步骤 1：复制第 2 张幻灯片。在演示文稿左侧的缩略窗格中右击第 2 张幻灯片，从弹出的快捷菜单中选择"复制幻灯片"命令，在第 2 张幻灯片之后插入一张幻灯片的副本。

步骤 2：单击标题占位符，修改标题为"MP5 的主控芯片"。

步骤 3：删除文本占位符和图片。单击"插入"→"表格"→"表格"按钮 ▦，插入 5 行 2 列表格。在表格中输入如下方框中的文本：

芯片类别	代表厂商
ADI BF5xx 系列	爱国者、oppo、歌美、智器等
华芯飞 JZ74xx 系列	昂达、艾诺、驰为、DEC 等
瑞芯微公司的 RK27xx 系列	纽曼、蓝魔、台电、原道等
德州仪器的 TI 达芬奇系列	纽曼等

步骤 4：双击表格，在"表格工具 设计"→"表格样式"列表中选择"中度样式 2-强调 1"。单击"开始"→"字体"组设置字体"微软雅黑，24"。

步骤 5：选择表格第一行，单击"开始"→"段落"组设置"居中"。

4. 制作第 4 张幻灯片

步骤 1：复制第 3 张幻灯片。在演示文稿左侧的缩略图窗格中，右击第 3 张幻灯片，从弹出的快捷菜单中选择"复制幻灯片"命令，在第 3 张幻灯片之后插入一张幻灯片的副本。

步骤 2：单击标题占位符，修改标题为"需求"。

步骤 3：删除表格。打开"E:\项目\五"中的"消费者功能需求.xlsx"文件，选中其中的图表，在选中的区域上右击鼠标，并在弹出的快捷菜单中选择"复制"命令。

步骤4：单击第4张幻灯片，在选中的区域上右击鼠标，并在弹出的快捷菜单中选择"粘贴"命令，则在幻灯片中添加了图表。如果想对图表进行编辑和修改，可以单击图表，单击"图表工具 设计"→"数据"→"编辑数据"按钮，链接打开"E:\项目\五"中的"消费者功能需求.xlsx"文件。

5. 制作第 5 张幻灯片

步骤1：复制第4张幻灯片。在演示文稿左侧的缩略图窗格中，右击第4张幻灯片，从弹出的快捷菜单中选择"复制幻灯片"命令，在第4张幻灯片之后插入一张幻灯片的副本。

步骤2：单击标题占位符，修改标题为"升级"。

步骤3：删除图表。单击"插入"→"插图"→"SmartArt"按钮，在打开的"选择 SmartArt 图形"中选择"流程"中的"向上箭头"。

步骤4：在"在此处键入文字"提示框中依次输入 mp3、mp4、mp5。

步骤5：单击图形，在"SmartArt 工具 设计"→"SmartArt 样式"组的列表中选择"砖块场景"。

6. 制作第 6 张幻灯片

步骤1：复制第2张幻灯片。在演示文稿左侧的缩略图窗格中，用鼠标右击第2张幻灯片，从弹出的快捷菜单中选择"复制幻灯片"命令，在第2张幻灯片之后插入一张幻灯片的副本。

步骤2：在演示文稿左侧的缩略图窗格中单击第3张幻灯片，按住鼠标左键将它拖动到第5张幻灯片的下面。

步骤3：单击标题占位符，修改标题为"产品功能"。

步骤4：删除图片。单击文本占位符，调整文本占位符的大小和位置，输入如下方框中所示的文字。

音频方面

语音压缩技术在目前的消费性产品中占有很重要的地位，举凡由网路电话到玩具等都可实现其应用，而且能根据不同的应用范围发展出不同的技术。

其实是将一首完整的 wav、mp3 或是 cda 的声音档，经由 MP5 的压缩技术，产生压缩比例大约为 1：10 的音乐声音档。

视频方面

MP5 是随身数码娱乐领域一个全新的概念，它能够支持更多的视频，特别是网络视频资源。在 DRM 数字版权保护方面，能够进行同步传输。

步骤5：按住 Ctrl 键，选择文字"语音……声音档"和"MP5……同步传输"，单击"开始"→"段落"→"提高列表级别"按钮。

步骤6：选中文本占位符，单击"开始"→"字体"组和"段落"组设置字体"微软雅黑，24"和段落格式"文本左对齐"，单击"段落"组的"行距"按钮，在列表中勾选"1.0"。

步骤7：单击文本"声音档"右边，单击"插入"→"媒体"→"音频"按钮，在列表中选择"剪贴画音频"，在右侧的"剪贴画"窗格中选择第2行第1列"柔和乐"，调整它的大小和位置。

步骤8：单击文本"同步传输"右边，单击"插入"→"媒体"→"视频"按钮，在列表中选择"剪贴画视频"，在右侧的"剪贴画"窗格中选择最后一个"手拿魔杖的仙女"，调整它的大小和位置。

7. 制作第 7 张幻灯片

步骤 1：单击"开始"→"幻灯片"→"新建幻灯片"按钮 🔳，在幻灯片版式列表中选择"节标题"版式，插入一张"节标题"版式的空白幻灯片。

步骤 2：在标题占位符中输入"推荐语"，单击"开始"→"字体"组和"段落"组设置字体"微软雅黑，44"和段落格式"文本右对齐"。

步骤 3：在文本占位符中输入如下方框中所示的文字。单击"开始"选项卡→"字体"组和"段落"组设置字体"微软雅黑，28"和段落格式"文本右对齐"。

> 超大触摸屏幕
> 强大的英语学习功能和智能搜索功能

步骤 4：调整标题和文本占位符的大小，并用鼠标移动、交换标题占位符和文本占位符的位置。

步骤 5：单击"插入"→"图像"→"图片"按钮 🔳，打开"插入图片"对话框。

步骤 6：在对话框中选择"E:\项目\五"中的"mp5bg6.jpg"图片。单击"插入"按钮，将图片插入到幻灯片中。调整图片大小和位置。

步骤 7：选中步骤 6 中插入的图片，在选中区域右击鼠标，并在快捷菜单中选择"置于底层"中的"置于底层"。

步骤 8：单击"插入"→"图像"→"图片"按钮 🔳，打开"插入图片"对话框。

步骤 9：在对话框中选择"E:\项目\五"中的"mp5bg5.png"图片，单击"插入"按钮，将图片插入到幻灯片中。调整图片大小和位置。

三、修饰幻灯片

1. 使用主题"冬季"

步骤 1：在"幻灯片/大纲"窗格的"幻灯片"选项卡中，单击第一张幻灯片。

步骤 2：单击"设计"→"主题"组右下角的"其他"按钮 🔽。

步骤 3：在打开的主题列表中，将鼠标移到"来自 office.com"的"冬季"。

步骤 4：右击"冬季"主题，在弹出的快捷菜单中选择"应用于所有幻灯"（默认），表示对演示文稿中的所有幻灯片有效。也可以选择"应用于选定幻灯片"，只对选定的第一张幻灯片起作用。

2. 使用背景"样式 11"

步骤 1：单击"设计"→"背景"→"背景样式"右侧的下拉按钮。

步骤 2：在打开的背景列表中，将鼠标移到"样式 11"。

步骤 3：在选中的区域上右击鼠标，在快捷菜单中选择"应用于所有幻灯"（默认），表示对演示文稿中的所有幻灯片有效。也可以选择"应用于选定幻灯片"，只对选定的第一张幻灯片起作用。

3. 创建幻灯片母版

步骤 1：单击"视图"→"母版视图"→"幻灯片母版"按钮 🔳。左侧出现"编辑母版"窗格。

步骤 2：在左侧窗格中单击第 3 张母版"标题和内容：由幻灯片 2-6 使用"。

步骤 3：在右边的编辑区中，单击标题占位符，单击"开始"→"字体"组和"段落"组设置字体"微软雅黑，44"和段落格式"文本左对齐"，单击"段落"组的"行距"按钮，在列表中勾选"1.0"。

步骤 4：在右边的编辑区中，单击文本占位符，选中"单击此处编辑母版文本样式"，单击"开始"→"字体"组和"段落"组设置字体"微软雅黑，24"和段落格式"文本左对齐"。

步骤 5：单击"段落"组的"项目符号"右侧的下拉按钮≡·，在列表中选择"●"符号。

步骤 6：选中文本占位符中的"第二级"，重复步骤 4。单击"段落"组的"项目符号"右侧的下拉按钮≡·，在列表中选择"项目符号和编号"，在打开的"项目符号和编号"对话框的"项目符号"选项卡中，单击"自定义"按钮，在弹出的"符号"对话框中下拉选择字体为"Verdana"，子集为"基本拉丁语"，然后选中"-"符号，单击"确定"按钮。

四、保存演示文稿

任务二　项目展示幻灯片的放映和打印、打包

【任务要求】自定义演示文稿的动画，设置演示文稿的放映方式并进行打印、打包。

【任务分析】根据项目文稿展示的需要，用户可借助 PowerPoint 多种动画功能，为幻灯片建立超链接，设置演示文稿的放映方式并进行打印、打包。

【知识技能】

一、制作幻灯片动画

1. 自定义动画

自定义动画指的是在演示一张幻灯片时，随着演示的进展，逐步显示幻灯片的不同层次、不同对象的动画内容。

通过"动画"选项卡（见图 5-13）自定义动画，可以设置对象的动画效果的顺序、类型和持续时间，甚至声音效果，从而帮助演示者吸引观众的注意力，突出重点。

图 5-13　"动画"选项卡

步骤 1：单击选中定义动画的对象，单击"动画"→"动画"→"其他"按钮▾，选中"动画样式"列表的某种动画效果（见图 5-14）。

PowerPoint 提供有对象进入、强调及退出的动画效果，此外还可设置动作路径，将对象动画按设定路径进行展现。

步骤 2：单击"动画"→"动画"→"效果选项"下拉按钮★，打开"效果选项"列表，从列表中选择方向和序列。

步骤 3：设置动画速度。在"动画"→"计时"中，下拉选择"开始"　开始：单击时　　▾操作，在"持续时间"文本框　持续时间：02.00　中微调或输入持续时间，在"延迟"　延迟：　00.00　文本框中微调或输入延迟时间。

2. 动画刷

PowerPoint 2010 新增了以前版本所没有的功能，那就是动画刷。它的使用方法类似于格式刷，

只不过格式刷复制文字的格式，而动画刷则复制对象的动画效果。

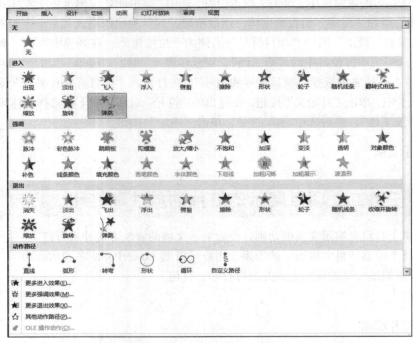

图 5-14 "动画样式"列表

3. 调整动画顺序

（1）在设置动画效果的过程中，调整幻灯片中各对象的动画顺序。

步骤 1：单击选中对象。

步骤 2：在"动画"→"计时"组中，不断单击"向前移动"或"向后移动"。或者单击"动画"→"高级动画"→"动画窗格"按钮，打开如图 5-15 所示的"动画窗格"。在"动画窗格"中可以单击"播放"按钮以预览播放效果；鼠标拖动或者单击"重新排序"处的和调整对象的播放顺序。

（2）添加了动画效果的对象会出现"1""2""3"…编号，表示各对象动画播放的顺序。在设置了多个对象动画效果的幻灯片中，要改变某个对象的动画在整个幻灯片中的播放顺序，可执行如下步骤。

步骤 1：选定该对象或对象前的编号。

步骤 2：单击"动画窗格"中"重新排序"的两个按钮和来调整，同时对象前的编号会随着位置的变化而变化，在"重新排序"列表框中，所有对象始终按照"1""2"…或"1""2""3"…的编号排序。

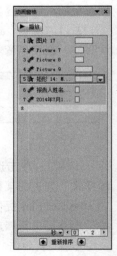

图 5-15 "动画窗格"

4. 幻灯片切换效果

幻灯片切换效果是在演示期间从一张幻灯片移到下一张幻灯片时在"幻灯片放映"视图中出现的动画效果。利用"切换"选项卡（见图 5-16），演示者可以控制切换效果的速度，添加声音，甚至还可以对切换效果的属性进行自定义。

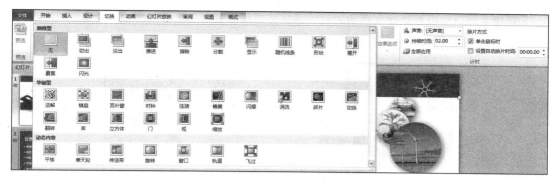

图 5-16 "切换"选项卡

步骤 1：选中要添加切换效果的幻灯片，选中的幻灯片周围会出现边框。

步骤 2：单击"切换"→"切换到此幻灯片"→"其他"按钮，在弹出的下拉列表中选择切换效果，如"闪光""百叶窗"和"旋转"等。

步骤 3：在"计时"组中的"声音"下拉列表 中选择声音类型或无声音来增加幻灯片切换的听觉效果；在"持续时间"列表中设置幻灯片切换时间，控制幻灯片切换速度。

步骤 4：在"计时"组的"换片方式"下，设定从一张幻灯片过渡到下一张幻灯片的方式是通过单击鼠标还是每隔一段时间后自动过渡，若选择后者则输入幻灯片在屏幕上持续的时间长度。

步骤 5：将以上设置的幻灯片切换效果应用到所选幻灯片，或单击"计时"→"全部应用"按钮 ，将切换效果应用到所有幻灯片上。

二、幻灯片放映

1. 创建超级链接

超级链接是指向特定位置或文件的一种链接方式，可以利用它指定跳转的位置，超级链接只有在幻灯片放映时才有效。超级链接功能可以创建在任何幻灯片的对象上，如文本、图形、图片、表格等对象；链接的目的地可以指向当前演示文稿中的特定幻灯片、其他演示文稿中特定的幻灯片、自定义放映、电子邮件地址、文件或 Web 页等。

PowerPoint 2010 为用户提供了 3 种创建超级链接的方法，分别是插入超链接创建链接、动作设置创建链接、动作按钮创建链接。其中，动作设置创建链接、动作按钮创建链接所使用的对话框相同。

（1）插入超链接创建链接

步骤 1：选中超链接文字或图片。

步骤 2：单击"插入"→"链接"→"超链接"按钮 ；另外还可以在选中的区域上右击鼠标，在快捷菜单中选择"超链接"命令。弹出"插入超链接"对话框，如图 5-17 所示。

步骤 3：在左侧选择超链接目标对象，单击"确定"按钮。

使用插入超链接方法创建链接时，链接的目标对象有 4 种选项。

①现有文件或网页：通过选择文件，可以链接到不同演示文稿中的幻灯片、Web 页面或文件。

②本文档中的位置：通过选择文档中的位置，可以链接到同一演示文稿中指定标题（或特定位置、书签）的幻灯片。

③新建文档：可以在新建文档的同时，将链接目标设置为该新建的文档。

④电子邮件地址。

图 5-17 "插入超链接"对话框

（2）动作设置创建链接

步骤 1：选中超链接文字或图片，单击"插入"→"链接"→"动作"按钮，弹出"动作设置"对话框（见图 5-18），在"单击鼠标"选项卡的"超链接到"下拉列表中选择超链接目标对象。

步骤 2：单击"确定"按钮。

（3）动作按钮创建链接

步骤 1：选定幻灯片，单击"插入"→"插图"→"形状"按钮，在弹出的下拉列表中选择"动作按钮"，在幻灯片中绘制一个动作按钮。同时，弹出"动作设置"对话框。

步骤 2：在"动作设置"对话框中，在"单击鼠标"选项卡的"超链接到"下拉列表中选择超链接目标对象。

步骤 3：单击"确定"按钮。

图 5-18 "动作设置"对话框

2.幻灯片放映

幻灯片放映有两种形式：一种是直接启动幻灯片放映，放映整个演示文稿；另一种是自定义幻灯片放映，控制部分幻灯片放映，隐藏不需要观众浏览的信息。

（1）幻灯片放映类型

①演讲者放映方式。这是最常用的放映方式，在放映过程中以全屏显示幻灯片。演讲者能控制幻灯片的放映，暂停演示文稿，添加会议细节，还可以录制旁白。

②观众自行浏览放映方式。此方式可以在标准窗口中放映幻灯片。在放映幻灯片时，可以拖动右侧的滚动条，或滚动鼠标上的滚轮来实现幻灯片的放映。

③在展台浏览放映方式。在展台浏览是 3 种放映类型中最简单的方式，这种方式将自动全屏放映幻灯片，并且循环放映演示文稿。在放映过程中，除了能通过超链接或动作按钮来进行切换以外，其他的功能都不能使用。如果要停止放映，只能按 Esc 键来终止。

（2）幻灯片放映方法

①按 F5 键。是放映幻灯片的最快方法。

②切换到"视图"选项卡，单击"演示文稿视图"组中的"阅读视图"按钮。

③切换到"幻灯片放映"选项卡，单击"开始放映幻灯片"组中的"从头开始"或"从当前

幻灯片开始"按钮。

④单击屏幕右下端的"幻灯片放映"按钮（从当前的幻灯片开始放映）。

（3）幻灯片放映

步骤 1：设置幻灯片放映方式。单击"幻灯片放映"→"设置"→"设置幻灯片放映"按钮 ，打开"设置放映类型"对话框，如图 5-19 所示。

步骤 2：在"设置放映方式"对话框中，选择放映类型"演讲者放映（全屏幕）"。还可以设定放映幻灯片的起始和终止张数，单击"确定"按钮。

步骤 3：如果想选择"换片方式"为"如果存在排练时间，则使用它"，排练计时。单击"幻灯片放映"→"设置"→"排练计时"按钮 ，则屏幕进入排练放映状态，并且出现一个"录制"提示框，如图 5-20 所示。制作者可以"录制"开始后，利用单击鼠标的方式排练放映一遍，直到"录制"结束。再在"设置放映方式"对话框中，选择"换片方式"为"如果存在排练时间，则使用它"。

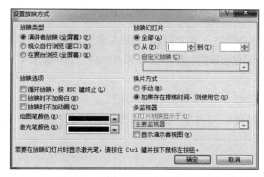

图 5-19 "设置放映方式"对话框

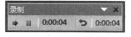

图 5-20 "排练计时"

（4）播放幻灯片时移动幻灯片

播放幻灯片时，需要在幻灯片之间进行移动：按 Home 键，可移至第一张幻灯片；按 End 键，可移至最后一张幻灯片；要提前结束幻灯片放映，按 Esc 键；在放映过程中按快捷键 F1，可以查看提示演示文稿中操控方法的列表。更多的鼠标或键盘动作见表 5-1。

表 5-1　显示了在幻灯片之间移动或指向某一张幻灯片时鼠标和键盘动作

移到下一张幻灯片	移到上一张幻灯片
Enter	Back Space
→	←
↓	↑
N	P
Page Down	Page Up
Space	右键单击（先关闭"右键单击的弹出式菜单"）
单击鼠标	

三、打印幻灯片或演示文稿讲义的打印设置

步骤 1：设置"打印范围"。单击"打印全部幻灯片"右侧的下拉按钮，打开如图 5-21 所示的打印范围列表，根据需要选择相应选项。

步骤 2：设置"打印版式"。单击"整页幻灯片"下拉按钮，在"打印版式"下可设置为"整页幻灯片""备注页""大纲"，如图 5-22 所示。

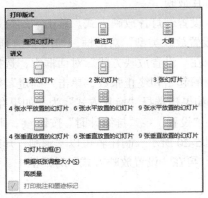

图 5-21　打印范围列表　　　　　　　图 5-22　打印版式

步骤 3：设置讲义打印格式。要以讲义格式在一页上打印一张或多张幻灯片，单击"整页幻灯片"下拉按钮，在"讲义"下单击每页所需的幻灯片数，以及希望按垂直还是水平顺序显示这些幻灯片。

步骤 4：若要在幻灯片周围打印一个细边框，选择"幻灯片加框"。

步骤 5：若要在为打印机选择的纸张上打印幻灯片，选择"根据纸张调整大小"。

四、演示文稿的打包和解包

利用"打包"功能将演示文稿（包括所有链接的文档和多媒体文件）及 PowerPoint 播放机程序压缩至硬盘或软盘上，以方便用户将演示文稿转移至其他计算机或未安装 PowerPoint 的计算机进行幻灯片播放。

步骤 1：单击菜单"文件"选项卡的"保存并发送"命令，选择文件类型为"将演示文稿打包成 CD"，如图 5-23 所示。

图 5-23　"将演示文稿打包成 CD"

步骤 2：在右侧窗口单击"打包成 CD"按钮，弹出"打包成 CD"对话框（见图 5-24）。

图 5-24 "打包成 CD"对话框和"复制到文件夹"对话框

步骤 3：在"打包成 CD"对话框中，在"将 CD 命名为"处输入名字，并单击"复制到文件夹"按钮。弹出"复制到文件夹"对话框（见图 5-24）。

步骤 4：在"复制到文件夹"对话框中，输入文件名字，单击"浏览"按钮，选择文件保存位置。单击"确定"按钮。

步骤 5：在弹出的提示对话框中，单击"是"按钮。则指定文件夹里面就生成了一个新文件夹。对打包的文档，只需进行"解包"即可使用，非常方便。

【任务实施】

一、打开演示文稿

步骤 1：单击菜单"文件"→"打开"命令，打开"打开"对话框。

步骤 2：在对话框中选择演示文稿位置和名字"E:\项目\五\项目介绍.pptx"，单击"打开"按钮。

二、设置幻灯片动画效果

1. 设置封面动画效果（第 1 张）

（1）设置图片动画效果

步骤 1：单击封面中的最大背景图片，单击"动画"→"动画"→"其他"按钮，打开 "动画样式"列表。

步骤 2：单击选中"动画样式"列表的"进入"中的"形状"效果。

步骤 3：单击"动画"→"动画"→"效果选项"按钮，打开"效果选项"列表，从列表中选择方向为"缩小"。

步骤 4：设置动画速度。设置"动画"→"计时"中的"持续时间" 持续时间: 为"2"秒。

步骤 5：选中最上面的圆形图片，单击"动画"→"动画"→"其他"按钮，打开 "动画样式"列表。

步骤 6：单击选中"动画样式"列表的"进入"中的"弹跳"效果。

步骤 7：设置动画速度。设置"动画"→"计时"中的"持续时间" 持续时间: 为"1"秒。

步骤 8：单击步骤 5 和步骤 6 中的图片，再单击"动画"→"高级动画"→"动画刷"按钮 动画刷，用动画刷刷过下面的两个圆形图片。

（2）设置标题艺术字动画效果

步骤 1：选中标题艺术字"MP5 产品展示"。

步骤 2：单击选中"动画样式"列表的"进入"中的"随机线条"效果。

步骤 3：单击"动画"→"动画"→"效果选项"按钮，打开"效果选项"列表，从列表中选择方向为"水平"。

步骤 4：设置动画速度。设置"动画"→"计时"中的"持续时间" ⏱ 持续时间: 为"2"秒。

（3）设置副标题文本动画效果

步骤 1：选中副标题文字。

步骤 2：单击选中"动画样式"列表的"进入"中的"飞入"效果。

步骤 3：单击"动画"→"动画"→"效果选项"按钮★，打开"效果选项"列表，从列表中选择方向为"自底部"，序列为"按段落"。

步骤 4：设置动画速度。设置"动画"→"计时"中的"持续时间" ⏱ 持续时间: 为"0.5"秒。

2. 设置其他幻灯片

重复封面幻灯片动画效果的设置操作过程。

三、设置幻灯片的切换效果

步骤 1：选中要添加切换效果的第 1 张幻灯片。

步骤 2：单击"切换"→"切换到此幻灯片"→"其他"按钮▾，在弹出的下拉列表中选择切换效果"华丽型 棋盘"。

步骤 3：在"计时"组中的"声音"下拉列表 🔊 声音: [无声音] ▾ 中选择声音类型"风铃"；在"持续时间"列表中设置幻灯片切换时间 2.5。

步骤 4：在"计时"组的"换片方式"下，设定从一张幻灯片过渡到下一张幻灯片的方式是"单击鼠标时"。

步骤 5：单击"计时"→"全部应用"按钮🖾全部应用，将切换效果应用到所有幻灯片上。

步骤 6：单击"动画窗格"中的"播放"按钮▶ 播放，播放动画效果，或者切换到"动画"选项卡，单击"预览"→"预览"按钮★预览动画效果。此外，还可以直接在幻灯片放映过程中看到动画效果。

四、创建超链接

步骤 1：在普通视图中，选定第 2 张幻灯片，即目录幻灯片"目录……"。

步骤 2：选中"主控芯片"文字，单击"插入"→"链接"→"动作"按钮🖰，弹出"动作设置"对话框，选择"单击鼠标"选项卡。

步骤 3：选择动作"超链接到"下拉列表中的"幻灯片…"选项，如图 5-25 所示。弹出"超链接到幻灯片"对话框，在"幻灯片标题"列表框中选择"3.MP5 的主控芯片"，单击"确定"按钮。

步骤 4：选中"需求"文字，单击"插入"→"链接"→"超链接"按钮🔗；另外还可以在选中的区域上右击鼠标，在弹出的快捷菜单中选择"超链接"命令。弹出"插入超链接"对话框。

步骤 5：在左侧选择"链接到"下面的"本文档中的位置"选项，在中间"请选择文档中的位置"列表中选择"幻灯片标题"为"4. 需求"，如图 5-26 所示，单击"确定"按钮。

步骤 6：重复步骤 2～步骤 5，设置其他文字的超链接。

步骤 7：选定第 3 张幻灯片，单击"插入"→"插图"→"形状"按钮🖾，在弹出的下拉列表中选择"动作按钮"的"开始" ◀ ，在第 3 张幻灯片右下角绘制一个"开始"动作按钮，并拖动至该幻灯片右下角位置。同时，弹出"动作设置"对话框。

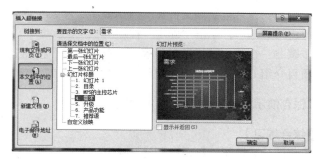

图 5-25 "动作设置"对话框   图 5-26 "插入超链接"的链接"本文档中的位置"选项

步骤 8：参照步骤 3，在"动作设置"对话框中的"超链接到"选择"幻灯片……"选项，打开"超链接到幻灯片"对话框。

步骤 9：在"超链接到幻灯片"对话框中，选择"幻灯片标题"为"2. 目录"，单击"确定"按钮。

步骤 10：选定第 4 张幻灯片，单击"插入"选项卡→"插图"→"形状"按钮，在弹出的下拉列表中选择"棱台"，在幻灯片右下角绘制一个棱台，并调整图形大小。

步骤 11：双击棱台，系统自动切换到"绘图工具 格式"选项卡，在"形状样式"组中选择第 3 行第 1 列选项"浅色 1 轮廓，彩色填充-黑色，深色 1"。

步骤 12：右击棱台，在快捷菜单中选择"编辑文字"命令，输入"返回目录"。

步骤 13：选中"返回目录"文本，设置文本格式"黑体、24、白"。

步骤 14：选中棱台，单击"插入"→"链接"→"超链接"按钮，弹出"插入超链接"对话框，在左侧的"链接到"列表中选择"本文档中的位置"，在中间的"请选择文档中的位置"列表框中选择"幻灯片标题"为"2. 目录"，单击"确定"按钮。

步骤 15：参照步骤 7～步骤 14，分别为后面其他的幻灯片设置相同的超链接"目录幻灯片"。

五、设置幻灯片放映方式

步骤 1：设置幻灯片放映方式。单击"幻灯片放映"→"设置"→"设置幻灯片放映"按钮，打开"设置放映方式"对话框。

步骤 2：在"设置放映方式"对话框中，选择放映类型"演讲者放映（全屏幕）"。还可以设定放映幻灯片的起始和终止张数。单击"确定"按钮。

步骤 3：如果想选择"换片方式"为"如果存在排练时间，则使用它"，排练计时。单击"幻灯片放映"→"设置"→"排练计时"按钮，则屏幕进入排练放映状态，并且出现一个"录制"提示框。制作者可以利用单击的方式排练放映一遍，直到排练结束。再在"设置放映类型"对话框中，选择"换片方式"为"如果存在排练时间，则使用它"。

六、演示文稿的打包

步骤 1：单击菜单"文件"选项卡的"保存并发送"命令，选择文件类型为"将演示文稿打包成 CD"。

步骤 2：在右侧窗口单击"打包成 CD"按钮，弹出"打包成 CD"对话框。

步骤 3：在"打包成 CD"对话框中，将 CD 命名为"项目介绍 CD"，并单击"复制到文件夹"

按钮，弹出"复制到文件夹"对话框。

步骤 4：在"复制到文件夹"对话框中，输入文件名字，单击"浏览"按钮，选择文件保存位置"E:\项目\五"，单击"确定"按钮。

步骤 5：在弹出的提示对话框中，单击"是"按钮，则指定文件夹里面就生成了一个新文件夹"项目介绍 CD"。

七、保存演示文稿

【综合练习】

收集图片、视频、音频等素材，制作一个有关于"某企业 2017 年会"的演示文稿。要求有封面、目录、内容、结尾幻灯片，设置幻灯片主题和背景，并创建超链接，设置幻灯片切换，综合运用动画效果，设置幻灯片放映并打包。

【实用技巧】

1. 插入 Flash 动画

一段文字、一张图片的动态效果可起到画龙点睛的作用。用工具栏上的"插入"按钮可完成 Flash 动画播放。首先将光标指向插入目标对象的区域，单击"插入"→"对象"，在"插入对象"对话框中，选取"由文件创建"，单击"浏览"按钮，在计算机中选取要插入的 Flash 文件，在"插入对象"对话框中勾选"显示为图标"，单击"确定"按钮。演示文稿上出现一个小图标。单击该图标，单击"插入"→"动作"，在打开的"动作设置"对话框中，选择"对象动作"为"激活内容"，单击"确定"按钮，则在播放该幻灯片时，鼠标单击小图标，会播放 Flash 动画。

2. 设置两张图片同时运动

两张图片在幻灯片中要有一定的距离，效果才明显。按住 Shift 键，同时选中两张图片，右击鼠标，在弹出的快捷菜单中选择"组合"命令将两张图片组合。然后单击"动画"→"动画"→"其他"按钮▾，选择动画样式"收缩并旋转""缩放""旋转""翻转由远到近"等，然后在"效果选项"中选择效果设置，则两张图片同时运动会有很好的效果。

3. 利用"动作路径"将观看者的目光引向要突出的重点内容

选择要突出的重点内容，单击"动画"→"动画"→"其他"按钮▾，选择动画样式"动作路径"。

任务一　连接 Internet

【**任务要求**】计算机连接 Internet。

【**任务分析**】用户为使计算机接入 Internet，首先接驳网络设备，然后设置计算机。

【**知识技能**】

一、Internet 连接基础知识

1．IP 地址

连在网络上的两台计算机要相互通信，必须给每台计算机都分配一个 IP 地址作为网络标识。为了不造成通信混乱，每台计算机的 IP 地址必须是唯一的。常见的 IP 地址分为 IPv4 与 IPv6 两大类。

目前使用的 IP 地址由 32 位二进制数组成，通常被分割为 4 个字节，采用"点分十进制表示法"，以×××.×××.×××.×××形式表现，每段×××代表 0～255 的十进制数，如 202.96.155.9。

IP 地址由两部分组成：一部分为网络号，另一部分为主机号。

IP 地址分为 A、B、C、D、E 共 5 类，如图 6-1 所示。最常用的是 A、B 和 C 3 类。

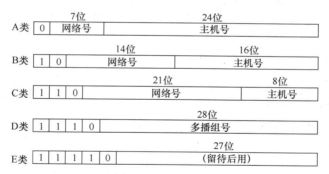

图 6-1　5 类 IP 地址

2．域名

域名同 IP 地址一样，都是用来表示一个单位、机构或个人在网络上的一个确定的名称或位置。所不同的是，IP 地址是数字型标识，域名是字符型标识、人性化的名字表示，它与 IP 地址相比更有亲和力，易被人们记住和使用。目前使用的域名命名是一种层次型命名法，与 Internet 网的层次结构相对应。

互联网中域名的一般格式为主机名.[二级域名.]一级域名（也叫顶级域名）。

例如，域名 www.cctv.com（中央电视台的网站）中，www.cctv 为主机名（www 表示提供超文本信息的服务器，cctv 表示中央电视台），com 为顶级域名（表示商业机构）。

主机名和顶级域名之间可以根据实际情况进行缺省设置或扩充。

顶级域名有类别顶级域名（国际域名）、地理顶级域名和新顶级域名。常见的代码及对应含义，如表 6-1 所示。

表 6-1　顶级域名常见的代码及对应含义

地理	表示含义	类别、新顶级	表示含义
.au	澳大利亚	.com	商业机构（任何人都可以注册）
.ca	加拿大	.edu	教育机构
.ru	俄罗斯	.gov	政府部门
.fr	法国	.int	国际组织
.it	意大利	.mil	美国军事部门
.jp	日本	.net	网络组织（现在任何人都可以注册）
.uk	英国	.org	非盈利组织（任何人都可以注册）
.sg	新加坡	.info	网络信息服务组织
缺省	美国	.pro	用于会计、律师和医生

3. DNS

域名比 IP 地址直观，方便用户使用，但却不能被计算机直接读取和识别，必须将域名翻译成 IP 地址，才能访问互联网。域名解析系统（Domain Name System），就是为解决这一问题而诞生的，它是互联网的一项核心服务，将域名和 IP 地址相互映射为一个分布式数据库，能够使人们更方便地访问互联网，而不用记住能够被机器直接读取的 IP 地址。

例如，www.wikipedia.org 作为一个域名，和 IP 地址 208.80.152.2 相对应。DNS 就像是一个自动的电话号码簿，可以直接拨打 wikipedia 的名字来代替电话号码（IP 地址）。DNS 在我们直接呼叫网站的名字以后，就会将 www.wikipedia.org（便于人类使用的名字）转换成 208.80.152.2（便于机器识别的 IP 地址）。

二、连接 Internet

1. 通过 ADSL 连接 Internet

步骤 1：将 ADSL 调制解调器取出，按照说明书，一端接到电话线，另一端接到计算机的网卡端口，再连通电源。

步骤 2：设置网络连接。

2. 通过局域网连接 Internet

步骤 1：找到计算机主机背后的网络端口。

步骤 2：将从交换机引出的网线端口与主机网络端口连接，只有网线端口方向正确才可以插入。当听到"咔"的一声时说明连接到位，同时轻轻拉一下网线，以确保网络被准确固定。

步骤 3：观察计算机的桌面，在任务栏最右边出现 ，则表示网络物理连接成功。

【任务实施】

一、通过 ADSL 连接 Internet

步骤 1：将 ADSL 调制解调器取出，按照说明书，一端接到电话线，另一端接到计算机的网卡端口，再连通电源。

步骤2：设置网络连接。

（1）选择"开始"→"控制面板"命令，打开如图6-2所示的"控制面板"窗口。

（2）单击"网络和Internet"选项，打开如图6-3所示的"网络和Internet"窗口。

图6-2 "控制面板"窗口

图6-3 "网络和Internet"窗口

（3）选择"网络和共享中心"选项，打开如图6-4所示的"网络和共享中心"窗口。

（4）在"网络和共享中心"窗口中，单击"设置新的连接或网络"选项，打开如图6-5所示的"设置连接选项"对话框。

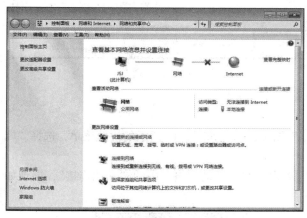

图6-4 "网络和共享中心"窗口

图6-5 "设置连接选项"对话框

（5）选择"连接到Internet"，并单击"下一步"按钮，出现如图6-6所示的"输入Internet服务提供商（ISP）提供的信息"界面，在此处输入ADSL"用户名"和"密码"，默认的连接名称为"宽带连接"。

（6）单击"连接"按钮，计算机将自动通过调制解调器与Internet服务接入商的服务器进行连接，如图6-7所示。

（7）连通网络之后，将会出现如图6-8所示的"选择网络位置"对话框，要求选择当前计算机工作的网络位置。

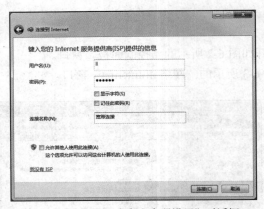

图 6-6 "ADSL 用户名和密码设置"对话框　　　　图 6-7 "正在连接宽带"对话框

（8）选择网络位置为"工作网络"之后，出现如图 6-9 所示的"网络连通"界面，"此计算机""网络"和"Internet" 3 个图标之间有线条进行联系，则表示网络连接成功。

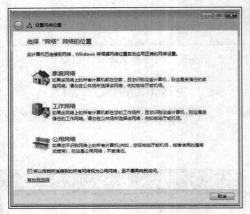
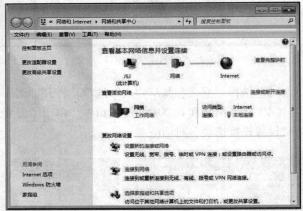

图 6-8 "选择网络位置"对话框　　　　图 6-9 网络连通图

二、设置 IP 地址和 DNS 地址

步骤 1：在 Windows 桌面上，右击"网络"图标，出现如图 6-10 所示的快捷菜单，选择"属性"命令，打开"网络和共享中心"窗口。

步骤 2：在"网络和共享中心"窗口中，单击"查看活动网络"中的"本地连接"，出现如图 6-11 所示的"本地连接状态"对话框。

图 6-10 "网络"快捷菜单　　　　图 6-11 "本地连接状态"对话框

步骤 3：单击"属性"按钮，打开如图 6-12 所示的"本地连接属性"对话框，此时会看到有"TCP/IPv6"和"TCP/IPv4"这两个 Internet 协议版本。此处选择"TCP/IPv4"（开通了 IPv6 的地区可以选择 IPv6）。

步骤 4：单击"属性"按钮，在出现的如图 6-13 所示的"Internet 协议版本 4（TCP/IPv4）属性"对话框中，选择"自动获得 IP 地址"和"自动获得 DNS 服务器地址"选项。

图 6-12 "本地连接属性"对话框

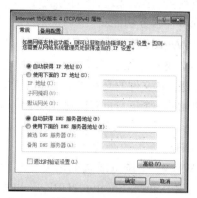

图 6-13 "Internet 协议版本 4（TCP/IPv4）属性"对话框

步骤 5：单击"确定"按钮，完成通过局域网连接 Internet 的设置。

三、查看网络详细信息

步骤 1：在 Windows 桌面任务栏的最右边，右击"网络连通"图标，从快捷菜单中选择"打开网络和共享中心"命令，打开"网络和共享中心"窗口。

步骤 2：单击"本地连接"按钮，在打开的对话框中单击"详细信息"按钮，出现如图 6-14 所示的"网络连接详细信息"对话框，可查看当前计算机的 IP 地址和 DNS 地址等信息。

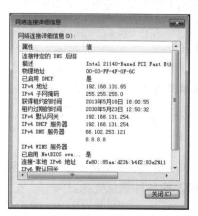

图 6-14 "网络连接详细信息"对话框

任务二 互联网基本应用

【任务要求】上网浏览信息，收发电子邮件。

【任务分析】计算机接入 Internet 后，用户借助 IE 浏览器上网浏览、下载信息，使用 Web 邮箱与邮件客户端软件收发电子邮件。

【知识技能】

一、Internet 常用服务

随着 Internet 的发展，Internet 提供越来越多的服务。使用较多的主要有：环球网（WWW）、电子邮件（E-mail）、文件传输（FTP）、远程登录（Telnet）、电子公告牌系统（BBS）等。此外，互联网还提供新闻、信息查询与检索、图书查询、网络论坛、聊天室、网络电话、电子商务、网上购物等多种服务功能。

1. WWW 服务

WWW 服务是 Internet 信息服务的核心，也是目前 Internet 上使用最广泛的信息服务。WWW 是一种基于超文本文件的交互式多媒体信息检索工具。WWW 服务使用的是超文本链接（HTML），可以很方便地从一个信息页转换到另一个信息页。它不仅能查看文字，还可以欣赏图片、音乐、动画、视频等。

2. URL

在 WWW 上浏览或查询信息，必须在浏览器中输入查询目标的地址，即统一资源定位器（Uniform Resource Locator，URL），也称 Web 地址，俗称"网址"。URL 规定某一信息资源在 WWW 中存放地点的统一格式，它从左到右分别由下述几部分组成。

（1）Internet 资源类型：指 WWW 客户程序用来操作的工具，也就是使用的访问协议。例如"http://"表示 WWW 服务器，"ftp://"表示 FTP 服务器。

（2）服务器地址：指出要访问的网页所在的服务器域名，如 www.microsoft.com。

（3）端口：对某些资源的访问来说，需给出相应的服务器提供的端口号。

（4）路径：指明服务器上某资源的位置（其格式与文件路径中的格式一样，通常由目录/子目录/文件名组成）。与端口一样，路径并非总是需要的。

URL 的一般格式为 Internet 资源类型://服务器地址（或 IP 地址）[端口][路径]。例如"http://www.cctv.com"就是一个典型的 URL 地址。WWW 上的服务器都区分大小写字母，书写 URL 时需注意大小写。

3. 电子邮件——E-mail 服务

电子邮件指用电子手段传送信件、单据、资料等信息的通信方法，是 Internet 最基本的功能之一。电子邮件的传输是通过简单邮件传输协议（Simple Mail Transfer Protocol，SMTP）这一系统软件来完成的。

二、信息浏览与获取

信息浏览通常是指 WWW（World Wide Web）服务，使用 WWW，只需单击浏览器就可在 Internet 上浏览世界各地的计算机上的各种信息资源。

1. 浏览器

浏览器是用来获取和查看 Internet 信息（网页）的应用程序。常用浏览器有 IE 浏览器、谷歌浏览器 Chrome、Safari 浏览器、火狐浏览器 FireFox、Opera 浏览器、猎豹浏览器、360 浏览器等。

（1）浏览器首页：浏览器默认主页，当用户每次打开浏览器时，默认出现的第一个网页。可人工进行设置。

步骤 1：双击 Windows 桌面图标"IE 浏览器"图标 ，打开浏览器窗口。

步骤 2：在 IE 浏览器窗口中，选择"工具"→"Internet 选项"命令，打开"Internet 选项"

对话框（见图 6-15）。

步骤 3：在"常规"选项卡的"主页"区文本框中输入网址，单击"应用"按钮。或者，单击"使用当前页"按钮，则将当前正打开的网页作为 IE 浏览器的主页；单击"使用空白页"按钮，则将 IE 浏览器的主页设置为空白页，每次打开 IE 浏览器，都只在地址栏显示"about:blank"，没有任何网页被打开。

（2）收藏夹：使用收藏夹记录喜欢、常去的 Web 站点，随时取用，不必记住或输入网址。

①添加到收藏夹

步骤 1：打开并访问要添加到收藏夹的页面。

步骤 2：单击菜单栏中的"收藏夹"，选择"添加到收藏夹"命令，或者右击页面，在弹出的快捷菜单中选择"添加到收藏夹"命令，弹出"添加收藏"对话框（见图 6-16），单击"创建位置"下拉按钮，选择收藏文件夹，单击"添加"按钮。

②整理收藏夹

收藏夹也可类似文件一样分类放置在不同的收藏文件夹中。

步骤 1：单击菜单栏中的"收藏夹"，选择"整理收藏夹"命令。

步骤 2：在弹出的"整理收藏夹"对话框（见图 6-17）中，单击"新建文件夹"按钮，输入新收藏文件夹名。

步骤 3：在"整理收藏夹"对话框中，单击"移动"按钮将收藏夹移动到其他的收藏文件夹中；单击"重命名"按钮修改收藏文件夹名字；单击"删除"按钮则删除指定的收藏文件夹。

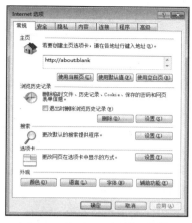

图 6-15　"Intenet 选项"对话框

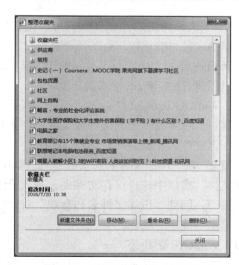

图 6-17　"整理收藏夹"对话框

图 6-16　"添加收藏"对话框

2．网页、网站和网址

（1）网页：是在浏览器中看到的页面，用于展示 Internet 中的信息。

（2）网站：是若干网页的集合；用于为用户提供各种服务，如浏览新闻、下载资源等。网站包括一个主页和若干个分页。主页就是访问某个网站时打开的第一个页面，通过主页可以打开链接的其他网页。

（3）网址：用于标识网页在 Internet 上的位置，每一个网址对应一个网页。通常是指主页地址，也是网站的域名。

3. 搜索引擎

在 Internet 上有一类专门用来帮助用户查找信息的网站，称为搜索引擎，它可以帮助用户在浩瀚的 Internet 信息海洋中找到所需的信息。常见的搜索引擎有百度、360 搜索等专业搜索引擎和门户网站的搜索引擎。

4. 网址导航

从搜索引擎搜索出来的网页鱼龙混杂，在为用户带来方便的同时，也隐藏着一定的风险。使用网址导航，只检索在各领域比较著名、相对可靠的站点。常见的提供网址导航的站点有 hao123、搜狗网址导航等。

5. 历史记录和临时文件

（1）历史记录：历史记录保存最近访问过的网页信息。在历史记录中，可以按照"日期""站点""访问次数""今天的访问顺序"来进行查看，方便快速定位到指定网站。"搜索历史记录"可以在曾经打开过的网站中，搜索出现过指定内容的网站。

（2）临时文件：是指查看网页时，临时在本机的硬盘上存储这些网页的文件，它们位于文件夹 Temporary Internet Files 内。因此，IE 可以从硬盘上而不是从 Internet 上打开频繁访问或已经查看过的网页，这样就可以使这些网页尽快显示。如果将网页设置为脱机浏览，网页文件也将同时被存储在计算机上。这样，不必连接到 Internet 就可以查看和显示这些文件。

6. 压缩软件

经过压缩软件压缩的文件称为压缩文件。压缩的原理是对文件的二进制代码进行压缩，减少相邻的 0、1 代码。比如有 000000，可以把它变成 6 个 0 的写法 60，从而减少该文件的空间。

WinRAR 是目前比较流行的压缩软件之一。它是一个强大的压缩文件管理工具，能备份数据，缩减 E-mail 附件的大小。不仅可以解压缩从 Internet 上下载的 RAR、zip 和其他格式的压缩文件，并且可以创建 RAR 和 zip 格式的压缩文件。

（1）WinRAR 压缩文件

步骤 1：右击要压缩的文件或文件夹，从弹出的快捷菜单中选择"添加到压缩文件"命令，打开"压缩文件名和参数"对话框。

步骤 2：在"压缩文件名和参数"对话框中，输入压缩文件名或单击"浏览"，在打开的"查找压缩文件"窗口中选择保存文件夹，输入压缩文件名，单击"保存"按钮。

步骤 3：回到"压缩文件名和参数"对话框中，还可以选择压缩文件格式、压缩选项，设置密码。单击"确定"按钮。

（2）WinRAR 解压缩

右击要解压缩的压缩文件，在弹出的快捷菜单中选择"解压到"指定住置，或者是选择其他压缩软件进行解压。

三、使用电子邮件

1. 电子邮箱

电子邮箱（E-mail BOX）是通过网络邮局为网络客户提供的网络交流电子信息空间。电子邮箱具有存储和收发电子信息的功能，是 Internet 中最重要的信息交流工具。

在网络中，电子邮箱可以自动接收网络上任何电子邮箱所发的电子邮件，并能存储规定大小的多种格式的电子文件。电子邮箱具有单独的网络域名，其电子邮局地址在@后标注。

电子邮箱的一般格式为：用户名@域名，即 user@mail.server.name。其中 "user" 是收件人的用户名，"mail.server.name" 是收件人的电子邮件服务器名或域名。例如，xyncjx@126.com，其中 "xyncjx" 是收件人的用户名，"@"（读作 "at"）用于连接用户名和电子邮件服务器名，是电子邮箱的标志符号，"126.com" 表示提供电子邮件服务的域名。

邮件服务商主要分为两类：一类主要针对个人用户提供个人免费电子邮箱服务，另一类针对企业提供付费企业电子邮箱服务。对于个人免费电子邮箱，注册后可立刻使用。

2．电子邮件的格式

一封完整的电子邮件由两个基本部分组成：信头和信体。

（1）信头一般有下面几个部分。

①收信人，即收信人的电子邮件地址。

②抄送，表示同时可以收到该邮件的其他人的电子邮件地址，可有多个。

③主题，概括地描述该邮件的内容，可以是一个词，也可以是一句话或几句话，由发信人自拟。

（2）信体。即正文。信体是希望收件人看到的信件内容，有时信体还可以包含附件。附件是含在一封信件里的一个或多个从信件上分离出来的独立的计算机文件。

3．电子邮件操作

用户可以使用 Web 浏览器登录邮箱在线收发邮件，也可以借助专门的电子邮件客户端软件（如 Outlook 软件）更加方便地管理邮件，即使是脱机状态下也可以查看和编辑邮件。

电子邮件的相关操作有：发送普通文本邮件、发送带附件的邮件、收取电子邮件、回复电子邮件、转发电子邮件和删除邮件等。

【任务实施】

一、信息浏览与获取

1．启动 IE 浏览器

单击任务栏的 IE 浏览器图标，打开如图 6-18 所示的 IE 浏览器窗口。或者单击 "开始" →"所有程序" → "Internet Explorer" 命令，打开 IE 浏览器。

2．浏览网页：浏览新浪网站的网页

步骤 1：在 IE 浏览器窗口的地址栏中输入网址 www.sina.com.cn。

步骤 2：按 Enter 键，实现对新浪网站首页的浏览（见图 6-19）。

步骤 3：移动鼠标至有超链接的位置，光标变为 "🖑" 状态，单击可自动实现页面之间的跳转。单击 "读书" 超链接，使浏览器窗口自动跳转到相应页面（见图 6-19）。

步骤 4：如果要再次浏览已看过的页面，可以单击工具栏中的 "后退" 按钮或 "前进" 按钮实现。

3．使用 IE 收藏夹：将新浪网的读书频道网页添加到收藏夹

步骤 1：打开并访问要添加到收藏夹的新浪网的读书频道页面。

步骤 2：单击工具栏中的 "⭐" 按钮后选择 "添加至收藏夹" 命令，或者右击页面，在弹出的快捷菜单中选择 "添加到收藏夹" 命令，弹出 "添加收藏" 对话框，单击 "添加" 按钮。

图 6-18　IE 浏览器窗口　　　　　　　　图 6-19　用 IE 浏览器浏览"新浪"网站

4. 设置 IE 浏览器的默认主页：将新浪网设置为 IE 浏览器的默认主页

步骤 1：在 IE 浏览器窗口中，选择"工具"→"Internet 选项"命令，打开"Internet 选项"对话框。

步骤 2：在"常规"选项卡中的"主页"文本框中输入新浪网站的网址"http://www.sina.com.cn"。

步骤 3：单击"确定"按钮，将该网页设置为 IE 浏览器的默认主页。

5. 查看最近访问过的网站：查看今天访问过的网站

步骤 1：单击 IE 浏览器窗口的工具栏上的"★"按钮，将在 IE 浏览器的左侧显示"历史记录"窗格。

步骤 2：单击"历史记录"选项卡，再单击"今天"，则在其下方显示今天曾经访问过的网站，如图 6-20 所示。

6. 使用搜索引擎：使用百度搜索引擎搜索"人力资源表格"

步骤 1：在 IE 浏览器窗口的地址栏中输入"www.baidu.com"，按 Enter 键，打开"百度"网站主页。

步骤 2：在百度主页的文本框中输入要搜索的关键字"人力资源表格"，单击"百度一下"按钮，出现如图 6-21 所示的搜索结果页面。

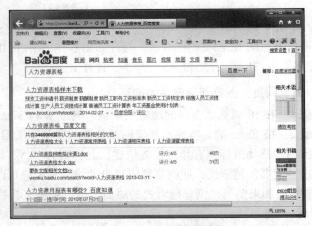

图 6-20　"历史记录"窗格　　　　　　　图 6-21　百度搜索引擎搜索

步骤 3：在搜索结果页面列表中单击选中的"人力资源表格样本下载"超链接，则跳转到相应的页面（见图 6-22）。

7. 保存网络资料

（1）网页的保存

步骤1：在浏览器窗口中单击工具栏上的"⚙"按钮，在下拉列表中选择菜单"文件"→"另存为…"（见图6-23），弹出"保存网页"对话框。

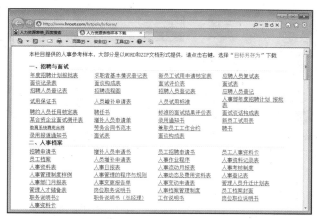

图6-22 访问选中的搜索结果超链接页面

图6-23 网页保存

步骤2：在"保存网页"窗口（见图6-24）的"保存类型"下拉列表中选择网页保存的格式，如保存为"网页，全部（*.htm;*.html）"，系统就会自动将这个网页的所有内容下载并存储到本地硬盘，并将其中所带的图片和其他格式的文件存储到一个与文件名同名的文件夹中。

步骤3：选择保存文件的位置，输入保存的文件名。

步骤4：单击"保存"按钮，会出现保存进度窗口，当进度达到100%时，完成保存操作。

（2）网页的文本保存

步骤1：选中网页的全部或部分内容后右击鼠标，在弹出的快捷菜单中选择"复制"命令，将所选内容放在 Windows 的剪贴板上。

步骤2：通过"粘贴"命令插入到 Windows 的其他应用程序中。打开"记事本"程序，右击鼠标，在弹出的快捷菜单中选择"粘贴"命令，用"Ctrl＋S"快捷键保存。

（3）图片的保存

步骤1：右击要保存的图片，在弹出的快捷菜单中选择"图片另存为"命令，如图6-25所示。

图6-24 "保存网页"窗口

步骤2：在弹出的"保存图片"对话框中，选择保存文件的位置，输入保存的文件名。

步骤3：单击"保存"按钮，保存图片至本地硬盘中。

（4）在某些网页中还提供直接下载文件的超链接

步骤1：在页面上单击要下载文件的超链接，弹出"文件下载"对话框，如图6-26所示。

步骤2：单击"保存"按钮，选择文件下载完成后的保存位置并保存文件。

图 6-25　网页的图片保存

8. 打印网页内容

步骤 1：在浏览器窗口中单击工具栏上的"打印"按钮 🖨 ▾，在下拉列表中选择"打印"。

步骤 2：在弹出的"打印"对话框中设置所需的打印选项。

步骤 3：单击"打印"按钮，即可完成页面内容的打印。

9. 压缩下载的文档

步骤 1：选择压缩的文件或文件夹（可多个），右击鼠标，从弹出的快捷菜单中选择"添加到压缩文件"命令，打开如图 6-27 所示的对话框，输入压缩文件名"OK.rar"。

图 6-26　"文件下载"对话框

图 6-27　"压缩文件名和参数"对话框

步骤 2：单击"确定"按钮，开始压缩文件。

步骤 3：压缩完成后，会在当前文件夹中生成压缩文件包 OK.rar ，其大小比原文件小得多。

10. 清除历史记录与临时文件

步骤 1：在 IE 浏览器窗口中，选择"工具"→"Internet 选项"命令，打开"Internet 选项"对话框。

步骤 2：在"Internet 选项"对话框中单击"删除"按钮，弹出"删除浏览的历史记录"对话框。

步骤 3：在"删除浏览的历史记录"对话框中，选择要删除的浏览记录类型，单击"删除"按钮。

二、使用电子邮箱

1. 利用网易126邮箱发送电子邮件

（1）发送普通电子邮件

步骤1：打开IE浏览器，在地址栏输入"www.126.com"，打开网易126邮箱网站的主页。根据页面的提示，输入刚才注册成功的邮箱的用户名和密码。单击"登录"按钮，进入该邮箱（见图6-28）。

步骤2：在电子邮箱中，单击左侧的"写信"按钮，显示如图6-29所示的页面，在"收件人"栏中输入收件人电子邮箱或在"通讯簿"中单击鼠标进行选择（如果有多个收件人，则各收件人电子邮箱用分号间隔），在"主题"栏中输入"测试"，在"内容"文本框内输入信函内容。

图6-28　电子邮箱主界面

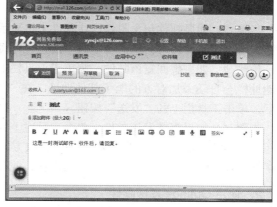

图6-29　写邮件

步骤3：完成邮件内容的撰写后，单击"存草稿"按钮，将邮件保存在"草稿箱"中备份或以后进行修改。

步骤4：单击"发送"按钮发送邮件。

（2）发送带附件的电子邮件

一般来说，邮件的应用除了普通内容的发送之外，还有一种情况是通过邮件把本地的文件以附件的形式传送到对方。

步骤1：完成普通邮件收发测试之后，再次单击"写信"按钮，输入收件人地址，输入主题"资料"，在下面的"内容"文本框中输入信件内容。

步骤2：单击如图6-30所示的"添加附件"选项，打开"选择要上载的文件"对话框，选择前面压缩的文件"OK.rar"。

步骤3：单击"打开"按钮，返回如图6-31所示的界面。将会看到需要传送的文件以附件形式保存，等待单击"发送"按钮后上传。此时，可以重复操作添加多个附件，或者删除待发送的附件。

步骤4：单击"发送"按钮，完成带附件邮件的发送。

（3）收取、回复、转发电子邮件

步骤1：在登录后的电子邮箱界面左侧单击"收信"按钮，显示收信界面。

步骤2：查看邮件列表，单击收件箱邮件列表中要阅读的邮件主题或发件人即可阅读邮件正文内容，如有附件也会显示出来。

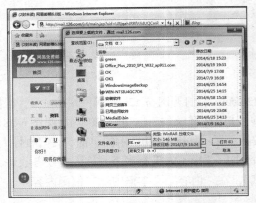

图 6-30 "选择要上载的文件"对话框 　　　　　图 6-31 完成添加附件

步骤 3：如果邮件包含附件，在邮件中将显示附件的名称、大小，单击"预览"或"打开"按钮，可查看附件内容，单击"下载"按钮，可将附件下载并保存到电脑上。

步骤 4：如果想回复该邮件，则单击工具栏上的"回复"按钮，打开回复邮件窗口，在收件人地址栏会自动添加对方的电子邮件地址，在"主题"栏会有一个"Re:"的字样，输入回复信息后，单击工具栏上的"发送"按钮。

步骤 5：如果想转发该邮件，单击工具栏上的"转发"按钮，即可打开转发邮件窗口。按照撰写新邮件的方法，在"收件人"栏，输入接收方的邮件地址，在"主题"栏会自动添加一个"Fw:"的字样。在邮件内容区会显示原邮件的内容，此时，只需要单击"发送"即完成转发。

2. 使用 Outlook 发送邮件

步骤 1：启动 Outlook 程序。单击"开始"→"所有程序"→"Microsoft Office"→"Microsoft Outlook 2010"命令，如图 6-32 所示。

步骤 2：单击"下一步"按钮，进入如图 6-33 所示的电子邮件账户设置界面，选择"是"单选按钮。

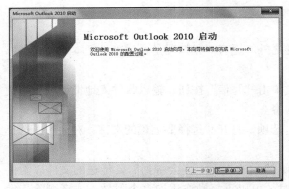
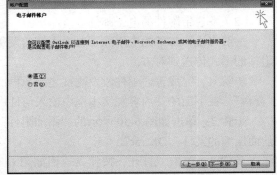

图 6-32 Outlook 启动界面 　　　　　　　图 6-33 "电子邮件账户设置"界面

步骤 3：单击"下一步"按钮，进行邮件账户的自动设置，出现如图 6-34 所示的界面，输入姓名和电子邮件地址，作为发件人的基本信息。

默认情况下，Microsoft Outlook 2010 可以自动为用户进行电子邮箱服务器账户配置，如果选择"手动配置服务器设置或其他服务器类型"按钮，将进入手动配置服务器界面。

步骤 4：单击"下一步"按钮，等待几分钟之后，Outlook 将会自动配置电子邮件服务器设置，如图 6-35 所示，单击"完成"按钮。完成设置，显示如图 6-36 所示的 Outlook 主界面。

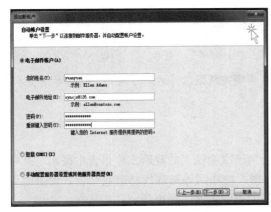

图 6-34 设置电子邮件信息

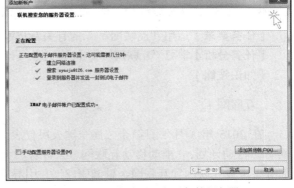

图 6-35 自动配置电子邮件服务器

图 6-36 Outlook 主界面

步骤 5：在 Outlook 主界面中，单击"开始"→"新建"→"新建电子邮件"按钮，显示如图 6-37 所示的撰写新邮件窗口。分别添加收件人、主题、附件和信函内容后，单击"邮件"→"添加"→"附加文件"，选择附加文件的位置和文件名称，单击"发送"按钮，完成电子邮件的发送。

图 6-37 撰写新邮件窗口

任务三 走近"互联网＋"

【任务要求】运用"互联网＋"的有关新技术。

【任务分析】学习"互联网＋"中大数据、云计算等相关新概念，运用云盘、二维码等新技术。

【知识技能】

一、互联网＋

在 2015 年 3 月 5 日第十二届全国人民代表大会第三次会议上的政府工作报告中提出"互联网＋"行动计划，"推动移动互联网、云计算、大数据、物联网等与现代制造业结合，促进电子商务、工业互联网和互联网金融健康发展，引导互联网企业拓展国际市场。"

报告中提出的"互联网＋"实际上是创新 2.0 下的互联网发展新形态、新业态，是知识社会创新 2.0 推动下的互联网形态演进。新一代信息技术发展催生了创新 2.0，而创新 2.0 又反过来作用于新一代信息技术形态的形成与发展，重塑了物联网、云计算、社会计算、大数据等新一代信息技术的新形态。新一代信息技术的发展又推动了创新 2.0 模式的发展和演变，Living Lab（生活实验室、体验实验区）、Fab Lab（个人制造实验室、创客）、AIP（"三验"应用创新园区）、Wiki（维基模式）、Prosumer（产消者）、Crowdsourcing（众包）等典型创新 2.0 模式不断涌现。新一代信息技术与创新 2.0 的互动与演进推动了"互联网＋"的浮现。

国内学者认为"互联网＋"是信息化促进工业化的提法的升级版，是未来中国经济发展最重要的引擎。其关键是创新，要引导当前中国大地正在掀起的创客的创新创业大潮，使其使用互联网及创新 2.0 这个利器，以期完成中国当前新常态的经济转型和中高速增长，迈向中高端水平，这样才能让"＋"更有意义，也为"互联网＋"时代的全面发展信息经济做好开局。

"互联网＋"在较早被提出时，聚焦在互联网对传统行业的渗透和改变。每一个传统行业都孕育着"互联网＋"的机会。"互联网＋"中的"＋"是什么？是传统行业的各行各业。马化腾提出"互联网＋"是一个趋势，加的是传统的各行各业。互联网加媒体产生了网络媒体，对传统媒体影响很大；互联网加娱乐产生网络游戏；互联网加零售产生电子商务，已经成为我国经济的重要组成部分；互联网加金融，使得金融变得更有效率，更好地为经济服务。从另一个角度分析，传统行业每一个细分领域的力量仍然是无比强大的，互联网是推动传统行业的有利工具。

二、大数据

大数据（Big data），或称巨量数据、海量数据、大资料，一般是指所涉及的数据量规模巨大到无法通过人工或者计算机在合理的时间内达到截取、管理、处理并整理成为人类所能解读形式的信息。在总数据量相同的情况下，与个别分析独立的小型数据集（Data set）相比，将各个小型数据集合并后进行分析，可得出许多额外的信息和数据相关性，可用来测查商业趋势、判定研究质量、避免疾病扩散、打击犯罪或测定即时交通路况等。当然，大数据也可以指无法在一定时间范围内用常规软件工具进行捕捉、管理和处理的数据集合，是需要新处理模式才能具有更强的决策力、洞察发现力和流程优化能力来适应海量、高增长率和多样化的信息资产。

1. 大数据定义

"大数据"研究机构 Gartner 给出的定义是："大数据"是需要新处理模式才能具有更强的决策力、洞察发现力和流程优化能力来适应海量、高增长率和多样化的信息资产。

麦肯锡全球研究所给出的定义是：一种规模大到在获取、存储、管理、分析方面大大超出了传统数据库软件工具能力范围的数据集合，具有海量的数据规模、快速的数据流转、多样的数据类型和价值密度低等四大特征。

2. 大数据特点

大数据具有 5V 特点（IBM 提出）：Volume（大量）、Velocity（高速）、Variety（多样）、Value（价值）、Veracity（真实性）。

3. 大数据的价值体现

大数据的应用示例包括大科学、RFID、感测设备网络、天文学、大气学、交通运输、基因组学、生物学、大社会数据分析、互联网文件处理、制作互联网搜索引擎索引、通信记录明细、军事侦查、社交网络、通勤时间预测、医疗记录、照片图像和视频封存、大规模的电子商务等。

（1）对大量消费者提供产品或服务的企业可以利用大数据进行精准营销。

（2）做小而美模式的中长尾企业可以利用大数据做服务转型。

（3）面临互联网压力而必须转型的传统企业需要与时俱进，充分利用大数据的价值。

三、云计算

云计算（Cloud Computing）是一种基于互联网的计算方式。通过这种方式，共享的软硬件资源和信息可以按需求提供给计算机和其他设备。云计算是基于互联网的相关服务的增加、使用和交付模式，通常涉及通过互联网来提供动态易扩展且经常是虚拟化的资源。云是网络、互联网的一种比喻说法。过去在图中往往用云来表示电信网，后来也用来表示互联网和底层基础设施的抽象。因此，云计算甚至可以让用户体验每秒 10 万亿次的运算能力。这么强大的计算能力可以模拟核爆炸、预测气候变化和市场发展趋势。用户通过计算机、笔记本电脑、手机等方式接入数据中心，按自己的需求进行运算。

1. 云计算的定义

美国国家标准与技术研究院（NIST）对"云计算"的定义是：云计算是一种按使用量付费的模式。这种模式提供可用的、便捷的、按需的网络访问，进入可配置的计算资源共享池（资源包括网络、服务器、存储、应用软件、服务）。这些资源能够被快速提供，只需投入很少的管理工作，或与服务供应商进行很少的交互。

2. 云计算的特征

根据美国国家标准和技术研究院的定义，云计算服务应该具备以下几条特征。

（1）随需应变自助服务。

（2）随时随地用任何网络设备访问。

（3）多人共享资源池。

（4）快速重新部署灵活度。

（5）可被监控与量测的服务。

（6）基于虚拟化技术快速部署资源或获得服务。

（7）减少用户终端的处理负担。

（8）降低了用户对于 IT 专业知识的依赖。

3. 云计算的特点

（1）超大规模。"云"具有相当的规模，Google 云计算已经拥有 100 多万台服务器，Amazon、IBM、微软、Yahoo 等的"云"均拥有几十万台服务器。企业私有云一般拥有数百上千台服务器。

"云"能赋予用户前所未有的计算能力。

（2）虚拟化。云计算支持用户在任意位置使用各种终端获取应用服务。所请求的资源来自"云"，而不是固定的有形的实体。应用在"云"中某处运行，但实际上用户不必了解、也不用担心应用运行的具体位置。只需要一台笔记本电脑或者一部手机，就可以通过网络服务来实现我们需要的一切，甚至包括超级计算这样的任务。

（3）高可靠性。"云"使用了数据多副本容错、计算节点同构可互换等措施来保障服务的高可靠性，使用云计算比使用本地计算机可靠。

（4）通用性。云计算不针对特定的应用，在"云"的支撑下可以构造出千变万化的应用，同一个"云"可以同时支撑不同的应用运行。

（5）高可扩展性。"云"的规模可以动态伸缩，满足应用和用户规模增长的需要。

（6）按需服务。"云"是一个庞大的资源池，用户按需购买；云可以像自来水、电、煤气那样计费。

（7）极其廉价。由于"云"的特殊容错措施可以采用极其廉价的节点来构成云，"云"的自动化集中式管理使大量企业不必负担日益高昂的数据中心管理成本，"云"的通用性使资源的利用率较之传统系统大幅提升，因此用户可以充分享受"云"的低成本优势，经常只要花费几百美元、几天时间就能完成以前需要数万美元、数月时间才能完成的任务。

云计算可以彻底改变人们未来的生活，但同时也要重视环境问题，这样才能真正为人类进步做贡献，而不是简单的技术提升。

（8）潜在的危险性。云计算服务除了提供计算服务外，还必然提供了存储服务。但是云计算服务当前垄断在私人机构（企业）手中，而他们仅仅能够提供商业信用。政府机构和商业机构（特别像银行这样持有敏感数据的商业机构）对于选择云计算服务应保持足够的警惕。一旦商业用户大规模使用私人机构提供的云计算服务，无论其技术优势有多强，都不可避免地让这些私人机构以"数据（信息）"的重要性挟制整个社会。对于信息社会而言，"信息"是至关重要的。另一方面，云计算中的数据对于数据所有者以外的其他云计算用户是保密的，但是对于提供云计算的商业机构而言确实毫无秘密可言。所有这些潜在的危险，是商业机构和政府机构选择云计算服务、特别是国外机构提供的云计算服务时，不得不考虑的一个重要前提。

云计算可以认为包括以下几个层次的服务：基础设施即服务（IaaS）、平台即服务（PaaS）和软件即服务（SaaS）。

4. 云应用

云应用包括云物联、云安全、云存储、云游戏、云计算。

四、云盘

云盘，又称网络U盘、网络硬盘，是由互联网公司推出的在线存储服务，向用户提供文件的存储、访问、备份、共享等文件管理功能。用户可以把网盘看成一个放在网络上的硬盘或U盘，无论用户身处家中、单位或其他任何地方，只要连接到互联网，就可以管理、编辑网盘里的文件。不需要随身携带，更不怕丢失。

百度网盘是百度推出的一项云存储服务，首次注册即有机会获得15GB的空间，目前有Web版、Windows客户端、Android手机客户端，用户将可以轻松把自己的文件上传到网盘上，并可以跨终端随时随地查看和分享。

五、二维码

1. 二维码的定义

二维条码/二维码（2-dimensional bar code）是用某种特定的几何图形按一定规律在平面（二维方向上）分布的黑白相间的图形记录数据符号信息的；在代码编制上巧妙地利用构成计算机内部逻辑基础的"0""1"比特流的概念，使用若干个与二进制相对应的几何形体来表示文字数值信息，通过图象输入设备或光电扫描设备自动识读以实现信息自动处理。

它具有条码技术的一些共性：每种码制有其特定的字符集；每个字符占有一定的宽度；具有一定的校验功能等。同时还具有对不同行的信息自动识别功能，以及处理图形旋转变化点。

2. 二维码的功能

二维码具有很多功能，如信息获取（名片、地图、WiFi 密码、资料）、网站跳转（跳转到微博、手机网站、网站）、广告推送（用户扫码，直接浏览商家推送的视频、音频广告）、手机电商（用户扫码、手机直接购物下单）、防伪溯源（用户扫码、查看生产地，同时后台可以获取最终消费地）、优惠促销（用户扫码，下载电子优惠券，抽奖）、会员管理（用户手机上获取电子会员信息、VIP 服务）、手机支付（扫描商品二维码，通过银行或第三方支付提供的手机端通道完成支付）。

3. 二维码的特点

（1）高密度编码，信息容量大：可容纳多达 1850 个大写字母、2710 个数字、1108 个字节或 500 多个汉字，比普通条码信息容量约高几十倍。

（2）编码范围广：该条码可以把图片、声音、文字、签字、指纹等可以数字化的信息进行编码，用条码表示出来；可以表示多种语言文字；可表示图像数据。

（3）容错能力强，具有纠错功能：这使得二维条码因穿孔、污损等引起局部损坏时，照样可以正确得到识读，损毁面积达 50%仍可恢复信息。

（4）译码可靠性高：它比普通条码译码错误率百万分之二要低得多，误码率不超过千万分之一。

（5）可引入加密措施：保密性、防伪性好。

（6）成本低，易制作，持久耐用。

（7）条码符号形状、尺寸大小比例可变。

（8）二维条码可以使用激光或 CCD 阅读器识读。

【任务实施】

一、百度云网盘应用

1. 上传文件到网盘

步骤 1：打开 IE 浏览器窗口，输入网址 www.baidu.com。在百度首页中，输入百度账号和密码，单击"登录"按钮。

步骤 2：登录百度后，单击百度账号，在列表中选择"个人中心"。在"个人中心"窗口单击"云盘"，进入百度云网盘，展现云盘中的文件列表（见图 6-38）。

步骤 3：单击"上传"按钮，在打开的"文件上传"对话框中选取文件位置和文件名，单击"打开"按钮。文件上传且弹出"正在上传"对话框，显示"文件上传进度。上传结束时，上传文件名出现在文件列表中（见图 6-38）。

图 6-38　百度云网盘"文件上传"

2. 共享百度云盘中的文件

步骤 1：登录百度并进入百度云网盘。

步骤 2：在"全部文件"列表中勾选将共享的文件名或文件夹，单击"分享"按钮 ，打开"分享文件（夹）"对话框（见图 6-39）。

步骤 3：在"分享文件（夹）"对话框中，单击"创建公开链接"按钮或"创建私密链接"按钮，产生文件下载链接地址（见图 6-39）。

步骤 4：单击"复制链接"，把链接通过 QQ、微博、人人网、QQ 空间等方式分享给好友。

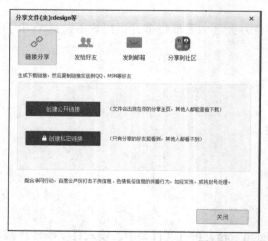

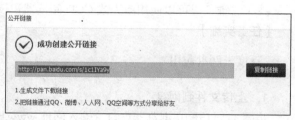

图 6-39　百度云网盘"分享文件"

3. 访问并下载百度云共享文件

步骤 1：打开 IE 浏览器窗口，在网址处输入或粘贴百度云分享文件的下载链接网址，按 Enter 键。

步骤 2：在"全部文件"列表中勾选下载文件，单击"下载"按钮 ，在弹出的对话框中选择"保存文件"，单击"确定"按钮。百度云共享文件就下载到了本地硬盘中。或者登录百度云网盘，单击"保存至网盘"，则百度云共享文件就保存到下载者的百度云网盘文件列表中。

计算机应用基础综合教程

4. 百度云网盘文件操作

步骤 1：登录百度进入百度云网盘。

步骤 2：勾选文件或文件夹，单击"[分享] [下载] [删除] [推送到云设备▼] [重命名] [复制到] [移动到]"中各按钮对文件进行分享、下载（到本地硬盘）、删除、推送到其他云设备、复制到（别的文件夹）、移动到（别的文件夹）等操作。在百度云网盘创建文件夹可单击"[新建文件夹]"按钮。

二、二维码

1. 制作二维码：利用二维码生成器在线制作二维码

步骤 1：打开 IE 浏览器，输入网址 http://cli.im/，进入草料二维码官网（见图 6-40），在线制作二维码。

图 6-40　在线制作二维码

步骤 2：选择二维码类型，在左侧文本框中输入或选择想要制作的内容（如果是文本类型，还可以切换到带格式文本），然后单击"生成二维码"按钮，稍等片刻，在右侧"二维码生成区"即可生成相应的二维码。如果想保存它，可以点击"下载"按钮保存到本地硬盘。如果想打印二维码，可以单击"快速打印"按钮。如果想再次生成一个新的二维码，则单击"重新生成"按钮。如选择"网址"类型，输入 http://i.firefoxchina.cn/（火狐主页），单击"生成二维码"按钮。

2. 使用二维码

步骤 1：手机下载安装二维码扫描软件（如微信"扫一扫"）。注意该软件和操作系统的兼容性。

步骤 2：手机对准需要扫描的二维码，稍等片刻，二维码所记录的信息就会被二维码扫描软件所解读。

【综合练习】

上网搜索有关"某企业"主题的文章、图片、视频，上传到云盘，并共享给其他同学、好友。同时将共享网址通过邮件方式分享，并制作一个该网址的二维码分享。

参考文献

［1］"十二五"规划教材编委会. 计算机应用基础 For Windows 7. 北京：中国原子能出版社，2014.

［2］王津. 计算机应用基础——实训教程（第四版）. 北京：中国铁道出版社，2014.

［3］田驰. 计算机应用基础（Windows 7+Office 2013 版）. 武昌：武汉大学出版社，2014.

［4］刘珍，林海菁，汪婧. 计算机应用基础教程（Windows 7+Office 2010）. 北京：人民邮电出版社，2014.

［5］朱凤文，李杰，李骊. 计算机应用基础实训教程 Windows 7+Office 2010. 天津：南开大学出版社，2013.

［6］王竝. Windows 7+Office 2010 计算机应用基础教程（情境教学）. 北京：人民邮电出版社，2013.

［7］付金谋. 计算机基础及上机指导. 北京：北京理工大学出版社，2012.